职业技术教育"十二五"课程改革规划教材
光电技术（信息）类

U0183625

光电探测技术与应用

GUANG DIAN TANCE JISHU
YU YINGYONG

主编 黄　焰　肖　彬　孙冬丽
主审 杨　晟

华中科技大学出版社
http://www.hustp.com
中国·武汉

内 容 简 介

本教材选取各种光电探测器所组成的典型电路作为教材的实践项目,通过介绍电路原理,给学生介绍各种光电效应,光电探测器的特性参数、使用方法及检测方法,使学生通过制作电路,掌握各种典型光电器件的使用方法,并能够在给出的典型电路的基础上做出适当的扩展,通过典型电路的改装实现更多的功能,完成对其他类型物理量的检测方法,真正学会使用光电探测器。

本教材适合高职高专类院校的光电子技术专业、测控技术专业的学生使用。设计配套的光电系统平台与教材相辅相成,可以提高学生的动手实践能力,并且可锻炼其自己动手搭建完整电路、解决电路问题的能力。另外,该光电实验平台也可用于光电子技术专业的学生进行专业实训以及完成毕业设计。

图书在版编目(CIP)数据

光电探测技术与应用/黄焰,肖彬,孙冬丽主编. —武汉:华中科技大学出版社,2016.3(2022.1 重印)
职业技术教育"十二五"课程改革规划教材. 光电技术(信息)类
ISBN 978-7-5680-1035-1

Ⅰ.①光… Ⅱ.①黄… ②肖… ③孙… Ⅲ.①光电探测-高等职业教育-教材 Ⅳ.①TN215

中国版本图书馆 CIP 数据核字(2015)第 157644 号

光电探测技术与应用
Guangdian Tance Jishu yu Yingyong

黄　焰　肖　彬　孙冬丽　主编

策划编辑:王红梅
责任编辑:聂　莹
封面设计:秦　茹
责任校对:张　琳
责任监印:周治超
出版发行:华中科技大学出版社(中国·武汉)
　　　　　武昌喻家山　邮编:430074　电话:(027)81321913
录　　排:武汉楚海文化传播有限公司
印　　刷:武汉开心印刷有限公司
开　　本:787mm×1092mm　1/16
印　　张:12.5
字　　数:298千字
版　　次:2022 年 1 月第 1 版第 3 次印刷
定　　价:29.80 元

前　言

　　光电探测技术是光电子专业学生的一门专业基础课,旨在通过介绍各种光电器件的工作原理和使用方法,让学生能够动手实践或设计一系列光电探测、光机控制的应用型电路。高职高专类学校的光电子技术专业学生的职业选择,主要面向与光电器件及系统的相关生产岗位,更需强调对光电探测器件的检测、使用,以及对所构建的光电探测系统的调试及使用,要求学生能够熟练地操作、使用各种类型的光电探测器件。因此,对于高职高专学生的教学不能够简单套用本科院校的模式和使用本科教材,而应该使用实践比例更大、教材内容基于生产实践过程的适合高职类学生就业需要的教材。

　　笔者在教学实践过程中,曾尝试以典型的光电探测应用实例为引导,减少原理性教学,将实践过程中遇到的问题作为引导,指导学生解决操作中遇到的问题,获得了良好的效果。编写本教材的过程中,笔者以实用性强,实践可行的应用电路作为项目式教学的引导,并与武汉光驰科技有限公司合作,设计出了一套光电技术创新实训平台,让学生能学以致用,在实验系统中验证器件的功能及调试参数。同时还能从该平台上扩展、开发高层次的新型电路,让学生充分掌握,活学活用。

　　本教材由武汉软件工程职业学院"光电探测与处理技术"课程团队组织编写,课程负责人黄焰对本书提出了总体设计,并编写了项目二、项目五、项目七、项目八、项目十;肖彬编写了项目四、项目六、项目九;孙冬丽编写了项目一、项目三。全书由黄焰统稿,杨晟主审并为本书编写提出了很多宝贵意见。本书在编写过程中,得到了武汉光驰科技有限公司李晓红经理的大力支持和帮助,谨此致谢! 在编写的过程中,编者还参阅了许多同行专家的著作文献,在此一并真诚感谢!

　　由于编者水平有限,书中难免存在不妥之处,恳求广大读者批评指正。

编　者

目　　录

项目 1

光电探测系统的组成及特性参数

项目名称:光电探测系统的组成及特性参数。
项目分析:掌握光电探测系统的组成结构及半导体的基本知识,了解其特性参数。
相关知识:系统结构组成、特性参数分析及半导体的基本知识。

任务 1　典型的光电探测系统组成

1. 光电探测系统组成

光电探测系统基本组成部分可分为光源、被检测对象及光信号的形成、光信号的匹配处理、光电转换、电信号的放大与处理、微机、控制系统和显示等部分,如图 1-1 所示。按不同的需要,光电探测系统可以根据实际情况增加或删减某些环节,图 1-1 只表征基本原理,而实际系统的形式是多样的、复杂的。

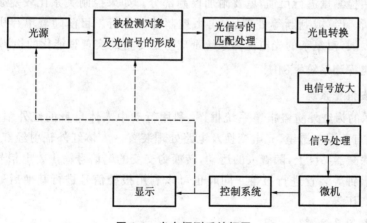

图 1-1　光电探测系统框图

下面对框图中主要部分进行简单说明。

1)光源

光源是光电探测系统中必不可少的部分。在许多系统中按需要选择一定辐射功率、一定光谱范围以及一定发光空间分布的光源,以此发出的光作为携带待测信息的物质,有时光源本身就是待测对象。光源既可是人工光源,也可是自然光源。

2)被检测对象及光信号的形成

被检测对象指待测物理量。光源所发出的光束在通过该环节时,利用各种光学效应,如反射、吸收、折射、干涉、衍射、偏振等,携带上被检测对象的特征信息,形成待检测的光信号。

3)光信号的匹配处理

该环节按实际要求可设置在被检测对象前面,也可设在其后面。在检测中,表征待测量的光信号可以是光强度的变化、光谱的变化、偏振性的变化、各种干涉和衍射条纹的变化以及脉宽或脉冲数,等等。要使光源发出的光或产生携带各种待测信号的光与光电探测器等环节实现合理的甚至是良好的匹配,经常需要对光信号进行必要的处理。

4)光电转换

该环节是实现光电探测的核心部分。其主要作用是将光信号转换为电信号,以便利于采用电子技术进行信号的放大、处理、测量和控制等。完成这一转换主要是依靠各种类型的光电和热电探测器。

5)电信号的放大与处理

该部分主要是由各种电子线路所组成。为实现各种检测目的,可按需要采用不同功能的电路来完成,对具体系统进行具体分析。应当指出,虽然电路处理方法多种多样,但必须注意整个系统的一致性,也就是说,电路处理与光信号获得、光信号处理以及光电转换均应统一考虑系统安排。

6)微机及控制系统

通常把显示系统也包含在该环节当中。许多光电探测系统只要求给出待测量的具体值,即将处理好的待测量电信号直接经显示系统显示出来。

若需要利用检测量进行反馈,就要附加控制部分。如果控制关系比较复杂,则可采用微机系统给以分析、计算或判断等处理后,再由控制部分执行。目前随着单片机、单板机及小型微机的迅速发展,对复杂的光电探测系统都应考虑尽可能实现智能化的检测。

2. 典型光电探测系统举例

1)红外防盗报警系统

图 1-2 所示的为红外防盗报警系统框图,利用行动中人体自身的红外辐射进行检测报警,其主要组成有菲涅尔透镜、光电变换及电路处理装置。人体红外辐射经红外菲涅尔物镜 L 汇聚到光电探测器 GD 上,随着人的运动,转换为交变的电信号输出。电信号经放大、鉴别后,控制管灯、警钟等装置进行报警。同时也可以利用报警信号进行其他后处理的控制,如关门、摄像、开高压等。

2)光电计数器系统

对需要进行连续计数的场合,均可采用光电计数器系统来完成,如统计进门参加会议的人数、统计传送带上产品的数量、街口汽车的流量等。图 1-3 所示的为光电计数器系统在传送带上对产品进行计数的装置的原理图,其组成有光源、光电变换器件、电路处理机控制装置。将光源 GY 和光电探测器 GD 相对地安装在传送带的两侧,光源发出的光直接照射到光电探测器上。当有产品通过时,将上述光路切断,对应在光电探测器上产生暗脉冲,该脉冲信号经放大和整形后,由计数器计数并通过显示器输出。如需进行定量计数,每 100 件打一包,则可将计数信号通过译码器产生规定量的信号,用该信号去控制打包和换空包的动作。

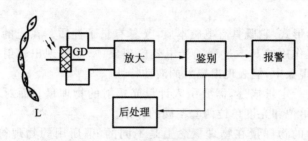

图 1-2　红外防盗报警系统框图

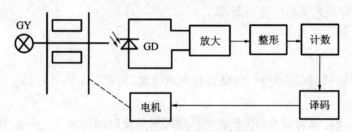

图 1-3　光电计数器系统框图

3)光电控制水位系统

图 1-4 所示的为光电控制水位系统框图,在标志锅炉水位玻璃管的两侧,按所要求的最高和最低水位处,安装两组光源-光电器件对。由于水能透过可见光,因此常用水吸收性很强的红外光源相对红外敏感的探测器。

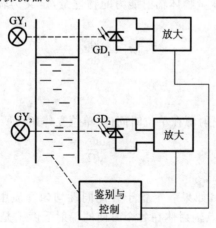

图 1-4　光电控制水位系统框图

其工作原理为:当水位高过上限时,挡住了光源 GY_1 射向光电探测器 GD_1 的红外光束,产生控制信号,该信号经放大后,控制进水阀门使之关闭。相反,水位低于下限时,光源 GY_2 发出的红外光束照到光电探测器 GD_2 上,产生另一个控制信号,该信号经放大后,控制出水阀门关闭并打开进水阀门。

任务 2 辐射度量与光度量

辐射是一种能的形式,它既具有电磁本质,又具有量子性质。在光的发射和吸收以及物质的量子和电子相互作用的基本过程的光电效应现象中,能表现出辐射的量子特性。在光的衍射、干涉和偏振现象中,能表现出辐射的波动特性。

为了对光辐射进行定量描述,需要引入计量光辐射的物理量。而对于光辐射的探测和计量,存在着辐射度单位和光度单位两套不同的体系。

两类单位体系中的物理量在物理概念上是不同的,但所用的物理符号是一一对应的。为了区别起见,在对应的物理量符号标脚标"e"表示辐射度物理量,脚标"v"表示光度物理量。下面对辐射度单位和光度单位进行介绍。

1. 辐射度量

1)辐射能

辐射能 Q_e 是以辐射形式发射、传播或接受的能量,其单位是焦耳(J)。

2)辐射通量

辐射通量 Φ_e 又称辐射功率(用 P 表示),定义为单位时间内通过一定面积的辐射能量,其表达式为

$$\Phi_e = \frac{dQ_e}{dt} \tag{1-1}$$

其单位为瓦特(W)或焦耳·秒(J·s)。

3)辐射出射度

辐射出射度 M_e 是用来度量物体辐射能力的物理量,定义为辐射体单位面积所辐射的通量,其表达式为

$$M_e = \frac{d\Phi_e}{dS} \tag{1-2}$$

其单位为瓦每平方米(W/m²)。

4)辐射强度

辐射强度 I_e 定义为点辐射源在单位时间内、单位立体角内所辐射出的能量,其表达式为

$$I_e = \frac{d\Phi_e}{d\Omega} \tag{1-3}$$

其单位为瓦每球面度(W/sr)。

由辐射强度的定义可知,如果一个置于各向同性均匀介质中的点辐射体向所有方向发射的总辐射通量是 Φ_e,则该点辐射体在各个方向的辐射强度 I_e 是常量,即

$$I_e = \frac{\Phi_e}{4\pi} \tag{1-4}$$

5)辐射亮度

辐射亮度 L_e 定义为面辐射源在某一给定方向上的辐射通量。如图 1-5 所示,其表达式为

$$L_e = \frac{dI_e}{dS\cos\theta} = \frac{d^2\Phi_e}{d\Omega\, dS\cos\theta} \tag{1-5}$$

式中:θ 是辐射面的面法线与给定方向间的夹角。辐射亮度的单位为瓦每球面度平方米(W/(sr · m^2))。

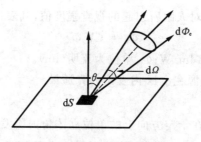

图 1-5   辐射源的辐射亮度

6) 辐射照度

辐射照度 E_e 定义为照射在面元 dA 上的辐射通量 dΦ_e 与该面元的面积 dA 之比,其表达式为

$$E_e = \frac{d\Phi_e}{dA} \tag{1-6}$$

其单位为瓦每平方米(W/m^2)。

2. 光度量

由于人眼的视觉细胞对各种不同波长的光的感光灵敏度不一样,对绿光最灵敏,对红光灵敏度要低得多,而且不同的人对各种波长的光的感光灵敏度也有差异,故国际照明委员会根据大量的观察结果,用平均值的方法,确定了人眼对各种波长的光的平均相对灵敏度,称为视见函数 $V(\lambda)$,如图 1-6 所示。视见函数 $V(\lambda)$ 的最大值在 555 nm 处,对应的波长为黄绿光,其他波长的视见函数都小于 1,各种波长的光对应的视见函数值可查表得到。

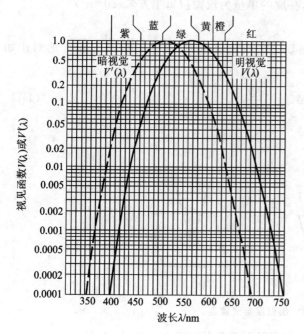

人眼光谱视见函数表

光线颜色	波长/nm	$V(\lambda)$	光线颜色	波长/nm	$V(\lambda)$
紫	400	0.0004	黄	580	0.8700
紫	410	0.0012	黄	590	0.7570
靛	420	0.0040	橙	600	0.6310
靛	430	0.0116	橙	610	0.5030
靛	440	0.0230	橙	620	0.3810
蓝	450	0.0380	橙	630	0.2650
蓝	460	0.0600	橙	640	0.1750
蓝	470	0.0910	橙	650	0.1070
蓝	480	0.1390	红	660	0.0610
蓝	490	0.2080	红	670	0.0320
绿	500	0.3230	红	680	0.0170
绿	510	0.5030	红	690	0.0082
绿	520	0.7100	红	700	0.0041
绿	530	0.8620	红	710	0.0021
黄	540	0.9540	红	720	0.00105
黄	550	0.9950	红	730	0.00052
黄	555	1.0000	红	740	0.00025
黄	560	0.9950	红	750	0.00012
黄	570	0.9520	红	760	0.00006

图 1-6   视见函数曲线及函数值参考

光度量是人眼对应辐射度量的视觉强度值。

1）光通量

光通量 Φ_v 是光辐射通量对人眼所引起的视觉强度值，其表达式为

$$\Phi_v = CV_\lambda \Phi_e \tag{1-7}$$

式中：C 为比例系数，值为 683 lm/W；Φ_v 单位为流明（lm）。

1 lm 为 1 cd 的均匀点光源在 1 lx 内发出的光通量。

2）发光强度 I_v

发光强度 I_v 定义为光源在给定方向上的单位立体角内所发出的光通量，其表达式为

$$I_v = \frac{\mathrm{d}\Phi_v}{\mathrm{d}\Omega} \tag{1-8}$$

其单位为坎德拉（cd）。

3）光照度 E_v

光照度 E_v 定义为单位面积所接受的入射光的光通量，其表达式为

$$E_v = \frac{\mathrm{d}\Phi_v}{\mathrm{d}A} \tag{1-9}$$

其单位为勒克斯（lx），相当于 1 m^2 面积上接收到 1 lm 的光通量。

4）光亮度 L_v

光亮度 L_v 定义为光源表面一点处的面元 dA 在给定方向上的发光强度 $\mathrm{d}I_v$ 与该面元在垂直给定方向的平面上的正投影面积之比，其表达式为

$$L_v = \frac{\mathrm{d}I_v}{\mathrm{d}A\cos\theta} = \frac{\mathrm{d}^2\Phi_v}{\mathrm{d}A\cos\theta\,\mathrm{d}\Omega} \tag{1-10}$$

式中：θ 为给定方向与面元法线间的夹角，亮度的单位为坎德拉每平方米（cd/m^2）。

5）光出射度 M_v

光出射度 M_v 定义为面光源在单位面积上辐射的光通量，光出射度与光照度的对比如图 1-7 所示，其表达式为

$$M_v = \frac{\mathrm{d}\Phi_v}{\mathrm{d}A} \tag{1-11}$$

其单位为流明每平方米（lm/m^2）。

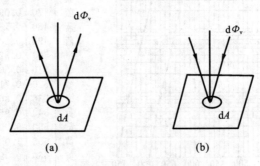

图 1-7 出射度与光照度

表 1-1 列出主要辐射度量和相应的光度量及其单位的对比。

表 1-1　常用辐射度量和光度量之间的对应关系

辐射度量				对应的光度量			
物理量名称	符号	定义式	单位	物理量名称	符号	定义式	单位
辐射能	Q_e	—	J	光量	Q_v	$Q_v = \int \Phi_v \, dt$	lm·s
辐射通量	Φ_e	$\Phi_e = dQ_e/dt$	W	光通量	Φ_v	$\Phi_v = \int I_v \, d\Omega$	lm
辐射出射度	M_e	$M_e = d\Phi_e/dS$	W/m²	光出射度	M_v	$M_v = d\Phi_v/dA$	lm/m²
辐射强度	I_e	$I_e = d\Phi_e/d\Omega$	W/sr	发光强度	I_v	$I_v = d\Phi_v/d\Omega$	cd
辐射亮度	L_e	$L_e = dI_e/(dS\cos\theta)$	W/(m²·sr)	光亮度	L_v	$L_v = dI_v/(dA\cos\theta)$	cd/m²
辐射照度	E_e	$E_e = d\Phi_e/dA$	W/m²	光照度	E_v	$E_v = d\Phi_v/dA$	lx

任务 3　光电探测器的特性参数与噪声

光电探测器是一种由入射光辐射引起可度量物理量效应的器件,种类很多。影响探测器性能的因素也很多,为了能够正确的选择和使用光电探测器,下面介绍探测器的主要性能参数和噪声参数。

1. 光电探测器的特性参数

1)响应率

响应率定义为探测器的输出信号电压(U_s)或电流(I_s)与入射的辐通量 Φ_e 之比,其表达式为

$$\left.\begin{aligned} \text{电压响应率} \quad S_U &= \frac{U_s}{\Phi_e} \\ \text{电流响应率} \quad S_I &= \frac{I_s}{\Phi_e} \end{aligned}\right\} \tag{1-12}$$

电压响应率 S_U 的单位为伏特每瓦(V/W),电流响应率 S_I 的单位为安培每瓦(A/W)。

2)光谱响应率

光谱响应率定义为探测器在波长为 λ 的单色光照射下,输出的电压 $U_s(\lambda)$ 或电流 $I_s(\lambda)$ 与入射的单色辐射通量 $\Phi_e(\lambda)$ 之比,其表达式为

$$\left.\begin{aligned} S(\lambda) &= \frac{U_s(\lambda)}{\Phi_e(\lambda)}(\text{V/W}) \\ S(\lambda) &= \frac{I_s(\lambda)}{\Phi_e(\lambda)}(\text{A/W}) \end{aligned}\right\} \tag{1-13}$$

如果 $\Phi(\lambda)$ 是光通量,则 $S(\lambda)$ 单位为 V/lm 或 A/lm。

3)噪声等效功率

如果投射到探测器敏感元件上的辐射功率所产生的输出电压(或电流)正好等于探测器本身的噪声电压(或电流),则这个辐射功率就称为噪声等效功率,通常用符号 NEP 表示。

噪声等效功率是信噪比为 1 的探测器探测到的最小辐射功率。其值越小,探测器所能探测到的辐射功率越小,探测器越灵敏。

4）探测率与比探测率

通常用 NEP 的倒数表示探测率 D，其表达式为

$$D = \frac{1}{\text{NEP}} \tag{1-14}$$

D 作为探测器探测最小光信号能力的指标，对于探测器，D 越大越好。比探测率又称归一化探测率，也称探测灵敏度。

5）时间常数

时间常数 τ 表示探测器的输出信号随射入的辐射变化的速率，用来衡量探测器的惰性，定义为探测器的输出上升达到稳定值的 63％ 所需要的时间（上升时间 $\tau_{\text{上}}$）或下降到稳定值的 37％ 所需要的时间（下降时间 $\tau_{\text{下}}$），如图 1-8 所示。

2. 光电探测器的噪声

在一定波长的光照下光电探测器输出的光电信号并不是固定不变的，而是围绕某值上下浮动，这种浮动是光电探测器在光电转换时，受到无用信号干扰产生的，称为光电探测器的噪声，如图 1-9 所示。

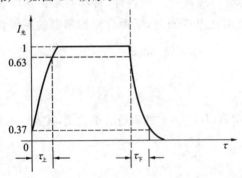

图 1-8　探测器的时间常数

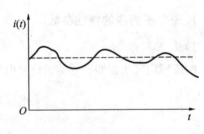

图 1-9　噪声信号

按噪声产生的原因，噪声的分类如图 1-10 所示。

根据功率谱与频率的关系，常见的噪声有两种，一种是功率谱大小与频率无关，称为白噪声；一种是功率谱与 $1/f$ 成正比，称为 $1/f$ 噪声，如图 1-11 所示。

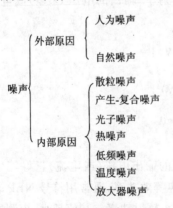

图 1-10　噪声的分类

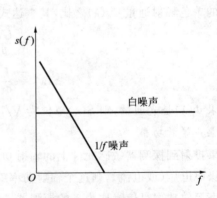

图 1-11　白噪声和 $1/f$ 噪声

依据噪声产生的物理原因,光电探测器的噪声主要有热噪声、散粒噪声、产生-复合噪声和低频噪声。

1)热噪声

热噪声是导体和半导体中载流子在一定温度下随机的热运动所造成的噪声,其表达式为

电压热噪声　$\overline{U}_{NT}^2 = 4kTR \cdot \Delta f$　(1-15)

电流热噪声　$\overline{I}_{NT}^2 = 4kT \cdot \dfrac{\Delta f}{R}$　(1-16)

式中:k 为波尔兹曼常数;T 为绝对温度,单位为 K;R 为器件的电阻值;Δf 为频带宽度。

热噪声是白噪声,与频率 f 无关。

2)散粒噪声(散弹噪声)

散粒噪声是由穿越势垒的载流子的随机起伏所造成的噪声,散粒噪声电流表达式为

$$\overline{I}_{NSh}^2 = 2qI_{DC} \cdot \Delta f \qquad (1-17)$$

式中:q 为电子电荷;I_{DC} 为器件输出平均电流;Δf 为频带宽度。

这种散粒噪声存在于所有光电探测器中。散粒噪声是白噪声,与频率 f 无关。

3)产生-复合噪声

产生-复合(g-r)噪声是由于载流子的产生和复合的随机性,从而导致载流子浓度的起伏所产生的噪声。产生-复合噪声产生均方噪声电流,其表达式为

$$\overline{I}_{Ng-r}^2 = \dfrac{2qI(\tau/t)\Delta f}{1 + 4\pi^2 f^2 \tau^2} \qquad (1-18)$$

式中:I 为总的平均电流;τ 为载流子寿命;f 为噪声频率。

当 $2\pi f\tau \ll 1$ 时,$\overline{I}_{Ng-r}^2 = 2qI(\tau/t)\Delta f$,此时为白噪声。

4)低频噪声(闪烁噪声、1/f 噪声)

光敏层的微粒不均匀或有不必要的微量杂质存在,当电流流过时在微粒间发生微火花放电而引起的微电爆脉冲所产生的噪声,称为低频噪声,也称 1/f 噪声或闪烁噪声。

几乎在所有探测器中都存在这种噪声,其主要出现在 1 kHz 以下的频率范围,而且与调制频率 f 成反比,故称为低频噪声或 1/f 噪声。

$$\overline{U}_{Nf}^2 = \dfrac{K_f \cdot I^\alpha \cdot R^\gamma \cdot \Delta f}{f^\beta} \qquad (1-19)$$

$$\overline{I}_{Nf}^2 = \dfrac{K_f \cdot I^\alpha \cdot \Delta f}{f^\beta} \qquad (1-20)$$

式中:K_f 是与原件制作工艺、尺寸、表面状态有关的系数;α 是与电流有关的量,通常取 2;β 是与材料性质有关的量,取 0.8~1.3;γ 是与电阻有关的量,取 1.4~1.7。

5)温度噪声

温度噪声是由于器件本身温度起伏引起的噪声,温度噪声与热噪声在产生原因、表示形式上有一定的差别——对于热噪声,材料的温度一定,引起粒子随机性波动,从而产生随机性电流;对于温度噪声,材料温度有变化,从而导致热流量的变化,这种热流量的变化导致物体产生温度噪声。

上述几种噪声的功率分布如图 1-12 所示。低频状态下，1/f 噪声起主导作用；中间频率范围内，产生-复合噪声比较明显；频率较高时，白噪声起主要作用。

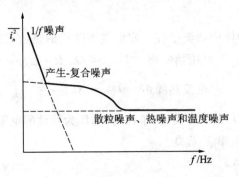

图 1-12　光电探测器噪声功率分布示意图

任务 4　半导体基础知识

1. 半导体基础知识基本概念

1）共有化运动

原子组成晶体后，由于电子壳层的交叠，电子不再完全局限在某一个原子上，可以由一个原子转移到相邻的原子上去，因而，电子将可以在整个晶体中运动。这种运动称为电子的共有化运动，如图 1-13 所示。各原子中相似壳层上的电子才有相同的能量，电子只能在相似壳层间转移。

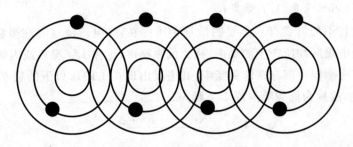

图 1-13　电子共有化运动

2）能带

共有化的外层电子，由于泡利不相容原理的限制，不能再处于相同的能级上，使得原来相同的能级分裂成 N 个原来能级相近的新能级。由于 N 很大，新能级中相邻两能级的能量差很小，几乎可以看成连续的，N 个新能级具有一定的能量范围，称为能带，如图 1-14 所示。

对半导体来说，填满电子的能带，称为满带，最上面的满带称为价带；价带上面有一系列空带，最下面的空带称为导带。价带和导带有带隙，带隙宽度用 E_g 表示，它代表价带顶和导带底的能量间隙，称为禁带。能带结构如图 1-15 所示。

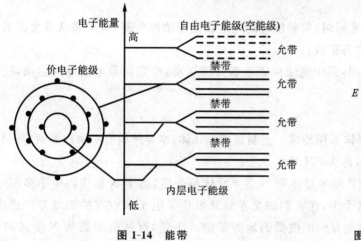

图 1-14 能带   图 1-15 能带结构

3)自由电子、自由空穴、载流子

电子跃迁指的是原子的外层电子吸收能量超过了所在轨道的能级,而跳跃到离原子核更远的轨道上。电子从价带跃迁到导带后,导带中的电子称为自由电子。在外电场的作用下自由电子形成电流。价带中电子跃迁到导带后,价带中出现电子的空缺称为自由空穴。在外电场作用下,附近电子可以填补空缺,也能形成电流。

在半导体中可以自由运动形成电流的自由电子或自由空穴称为载流子。

4)N 型半导体和 P 型半导体

半导体材料多为共价键,可形成原子外层 8 个电子的稳定结构。不含杂质和缺陷的半导体称为本征半导体,在半导体中掺入少量杂质就形成掺杂半导体,也称非本征半导体。

在纯净的硅或锗晶体中掺入五价元素(如磷),那么磷中的 4 个价电子参与共价键的结合,多出的那个电子由于与本身原子的结构较松,很容易激发到导带,因此增加了导带中电子数,从而增加导电性能。这种提供电子作为载流子的杂质元素称为施主。掺入施主杂质的非本征半导体称为 N 型半导体。在 N 型半导体中,自由电子为多子,空穴为少子,主要靠自由电子导电。掺入的杂质越多,多子(自由电子)的浓度就越高,导电性能就越强,能带结构如图 1-16 所示。

在纯净的硅或锗晶体中掺入三价元素(如硼或镓),构成的共价键少 1 个电子,它容易从锗或硅中获取 1 个电子形成稳定结构,这样在硅晶体中出现自由空穴。容易获取电子的原子称为受主。掺入受主杂质的非本征半导体称为 P 型半导体。在 P 型半导体中,空穴为多子,自由电子为少子。掺入的杂质越多,多子(自由空穴)的浓度就越高,导电性能就越强,能带结构如图 1-17 所示。

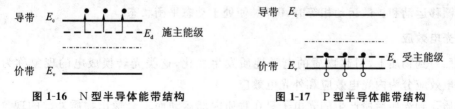

图 1-16 N 型半导体能带结构   图 1-17 P 型半导体能带结构

5）扩散和漂移

当材料的局部受到光照时，局部位置的光生载流子浓度较高，电子将从浓度高的点向浓度低的点运动，该现象称为扩散。

半导体受外电场作用，其中电子向正电极方向运动，空穴向负电极方向运动，这种运动称为漂移。

6）PN 结

将 P 型和 N 型半导体采用特殊工艺制造成半导体，半导体内有一物理界面，界面附近形成一个极薄的特殊区域，称为 PN 结。

如图 1-18 所示，在 P 型半导体和 N 型半导体结合后，由于 N 型区内电子多而空穴少，而 P 型区内空穴多而电子少，在它们的交界处就出现了电子和空穴的浓度差。这样，电子和空穴都要从浓度高的地方向浓度低的地方扩散。于是，有些电子要从 N 型区向 P 型区扩散，也有些空穴要从 P 型区向 N 型区扩散。扩散的结果就使 P 区一边失去空穴，留下了带负电的杂质离子，N 区一边失去电子，留下了带正电的杂质离子。半导体中的离子不能任意移动，因此不参与导电。这些不能移动的带电粒子在 P 区和 N 区交界面附近，形成了一个很薄的空间电荷区，就是所谓的 PN 结。空间电荷区有时又称耗尽区。扩散越强，空间电荷区越宽。

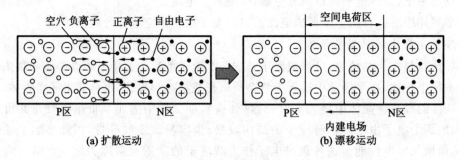

图 1-18　PN 结的形成

在出现了空间电荷区以后，由于正负电荷之间的相互作用，在空间电荷区就形成了一个内电场，其方向是从带正电的 N 区指向带负电的 P 区。显然，这个电场的方向与载流子扩散运动的方向相反，它是阻止扩散的。

另一方面，这个电场将使 N 区的少数载流子空穴向 P 区漂移，使 P 区的少数载流子电子向 N 区漂移，漂移运动的方向正好与扩散运动的方向相反。从 N 区漂移到 P 区的空穴补充了原来交界面上 P 区所失去的空穴，从 P 区漂移到 N 区的电子补充了原来交界面上 N 区所失去的电子，这就使空间电荷减少，因此，漂移运动的结果是使空间电荷区变窄。

当漂移运动和扩散运动相等时，PN 结便处于动态平衡状态。

2. 光电效应

光照射到物质上，引起物质的电学性质发生变化，这类光转换成电的现象称为光电效应。光电效应分为内光电效应和外光电效应。

物质受到光照后所产生的光电子只在物质内部运动而不会逸出物质外部的现象称为内

光电效应。这种效应多发生于半导体内。内光电效应又可分为光电导效应和光生伏特效应。

物质受到光照后向外发射电子的现象称为外光电效应。这种效应多发生于金属、金属氧化物内。

1）光电导效应

当半导体材料受光照时，由于吸收光子使其中的载流子浓度增大，因而材料电导率增大，这种现象称为光电导效应，如图 1-19 所示。光电导效应分为本征光电导效应和非本征光电导效应。

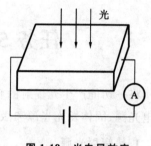

图 1-19　光电导效应

当光子能量大于材料禁带宽度时，可以把价带中的电子激发到导带，在价带中留下自由空穴，从而引起材料电导率的增加，即本征光电导效应。若光子激发杂质半导体，使电子从施主能级跃迁到导带或从价带跃迁到受主能级，产生光生自由电子或自由空穴，从而增加材料电导率，即非本征光电导效应。

2）光生伏特效应

光照使不均匀半导体或半导体与金属组合的不同部位之间产生电位差的现象称为光生伏特效应，简称光伏效应，其基本原理如图 1-20 所示。

PN 结的光生伏特效应原理：当用适当波长的光照射 PN 结时，由于内建电场的作用（不加外电场），光生电子拉向 N 区，光生空穴拉向 P 区，相当于 PN 结上加一个正电压，半导体内部产生电动势（光生电压）。如将 PN 结短路，则会出现电流（光生电流），即入射的光能转变成流过 PN 结的电流，形成光电流。

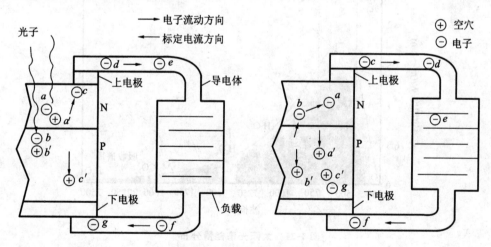

图 1-20　光生伏特效应原理

3）外光电效应

外光电效应主要是光电发射效应，指光照射到物体上使物体向真空中发射电子。它是真空光电器件光电阴极的物理基础。光强越大，意味着入射光子数目越多，逸出的电子数也就越多。

光电发射过程可以归纳为以下 3 个步骤：

（1）物体吸收光子后体内的电子被激光发到高能态；

（2）被激发电子向表面运动，在运动过程中因碰撞而损失部分能量；

（3）电子克服表面势垒逸出金属表面。

任务 5　光电探测器中常见光源

将一切能产生光辐射的辐射源称为光源。光源按照发光机理可分成热辐射光源、气体放电光源、固体发光光源和激光器四种。下面对几种光源进行介绍。

1. 热辐射光源

热辐射光源是一种非相干的光源，是发光物体在热平衡状态下，使热能转变为光能的光源，如白炽灯、卤钨灯等。一切炽热的光源都属于热辐射光源，包括太阳、黑体辐射等。其特点是产生连续的光谱。

绝对黑体（以下简称黑体）是一种理想热辐射光源。所谓黑体是具有以下典型特征的物体：对任何波长的入射辐射，它的光谱吸收比等于 1，透射比为 0，反射比为 0。

太阳是最常见的热辐射光源，太阳光谱能量分布相当于工作温度为 5900 K 左右时的黑体辐射，如图 1-21 所示。

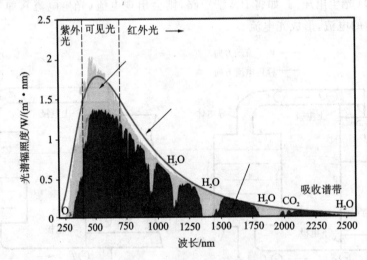

图 1-21　太阳光谱能量分布

白炽灯是一种热辐射光源，也是光电测量中最常用的一种光源。白炽灯是将灯丝通电加热到白炽状态，利用热辐射发出可见光的电光源。它产生的是连续光谱，发光性能稳定，寿命长，使用方便，广泛用作标准光源。白炽灯有真空钨丝灯、充气钨丝灯和卤钨灯等。

真空钨丝灯光辐射由钨丝通电加热发出，色温达 2300～2800 K，发光效率达 10 lm/W。

钨熔点为 3680 K,进一步增加白炽灯的工作温度会导致钨的蒸发率急剧上升从而使寿命骤减。

　　充气钨丝灯中充入氩、氮等惰性气体,蒸发的钨原子,惰性原子与钨原子碰撞,部分钨原子返回灯丝,使工作温度提高至 2700~3000 K,发光效率为 17 lm/W。

　　卤钨灯是填充气体内含有部分卤族元素或卤化物的充气白炽灯。

　　卤钨循环原理如图 1-22 所示,提高效率,色温达到 3200 K,发光效率达 30 lm/W。

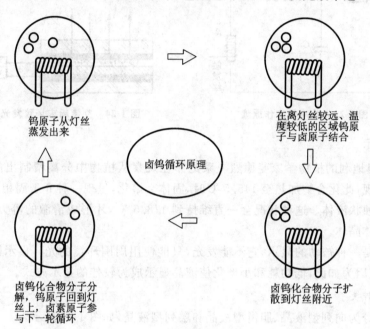

钨原子从灯丝蒸发出来

在离灯丝较远、温度较低的区域钨原子与卤原子结合

卤钨循环原理

卤钨化合物分子分解,钨原子回到灯丝上,卤素原子参与下一轮循环

卤钨化合物分子扩散到灯丝附近

图 1-22　卤钨循环原理

2. 气体放电光源

　　气体放电光源是利用气体放电原理制成的光源。如氢、氖、氩、氪或金属蒸气,如汞、钠等,在电场作用下电离出电子和离子,奔向阳极和阴极,在电场中加速,与气体原子或分子高速碰撞时会激励出新的电子和离子。在碰撞过程中有些电子会跃迁到高能级,引起原子的激发。受激原子回到低能级时就会发射出相应的辐射。

　　气体放电光源发光效率高,比同瓦数的白炽灯高 2~10 倍;无灯丝可以做得牢固紧凑,耐震,抗冲击;寿命一般比白炽灯的长 2~10 倍;光色适应性强,可以在很大范围内变化。

　　脉冲灯是一种气体放电光源,其在极短的时间内发出很强的光辐射,其结构和原理图如图 1-23 所示。

　　脉冲灯内阻很大,直流电源电压 E 经充电电阻 R,使储能电容 C 充电到工作电压,脉冲灯工作时在触发丝上施加高的脉冲电压,使灯管内产生电离火花线,火花线大大减小了灯的内阻,使灯着火。电容 C 储存的大量能量可在极短时间内通过脉冲灯,产生极强的闪光。照相用的万次闪光灯就是脉冲氙灯。

3. 固体发光光源

固体发光光源是指利用某种固体材料与电场相互作用而发光的光源。固体发光光源又称平板显示器。交流粉末场致发光屏就是一种固体发光光源，其结构如图 1-24 所示。

粉层中自由电子在强电场的作用下加速，获得很高的能量，它们撞击发光中心，使其受激发而处于激发态。当激发态回到基态时以发光形式释放能量。

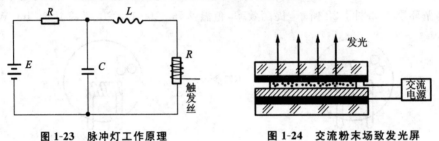

图 1-23 脉冲灯工作原理   图 1-24 交流粉末场致发光屏

4. 液晶显示

1888 年，奥地利的植物学家斐德烈·莱尼泽在观察从植物中分离精制出的苯甲酸胆固醇的融解时发现，此化合物加热至 145.5 ℃时，固体会熔化，呈现一种介于固相和液相之间的半熔融流动白浊状液体。这种状况会一直维持到 178.5 ℃，才形成清澈的等方性液态，因而建议称之为液体晶体。

液晶显示是一种被动的显示，它不能发光，只能使用周围环境的光。显示图案或字符只需很小能量，正因为如此，低功耗和小型化使液晶显示成为较佳的显示方式。

1)液晶的种类

液晶主要分为向列型液晶、胆甾型液晶和层列型液晶，如图 1-25 所示。

向列型液晶的分子沿某一择优方向取向，分子重心无序分布；胆甾型液晶分子在空间形成连续的螺旋结构，在垂直于螺旋轴的平面内分子排列类似向列型液晶分子的排列；层列型液晶分子沿某一择优方向取向，分子重心有序分布。

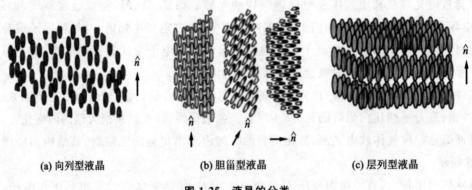

(a) 向列型液晶   (b) 胆甾型液晶   (c) 层列型液晶

图 1-25 液晶的分类

2)液晶的电光效应

液晶分子的结构为各向异性，一些液晶材料的分子排列在电场作用下改变。液晶的工作原理如图 1-26 所示。

在上、下玻璃电极之间封入向列型液晶材料,液晶分子平行排列,上、下扭曲 90°,外部入射光线通过上偏振片后形成偏振光。该偏振光通过平行排列的液晶材料后旋转 90°,再通过与上偏振片垂直的下偏振片,被反射板反射回来,呈透明状态。当上、下电极间加上一定电压后,电极部分的液晶分子转成垂直排列,失去旋光性,从上偏振片入射的偏振光不被旋转,光无法通过下偏振片返回,因而呈黑色。根据需要,将电极做成各种文字、数字、图形,就可获得各种状态显示。如图所示,这样就实现了白底黑字的显示,成为正显示。同样,如果将上偏振片和下偏振片的偏振轴相互正交粘贴,则可实现黑底白字,成为负显示。

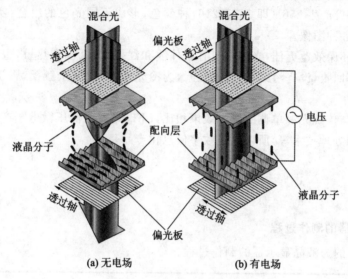

图 1-26　液晶的工作原理

5. 结型发光光源

结型发光光源主要是发光二极管。发光二极管称为 LED。基本结构为一块电致发光的半导体芯片,封装在环氧树脂中,通过针脚支架作为正负电极并起到支撑作用,如图 1-27 所示。

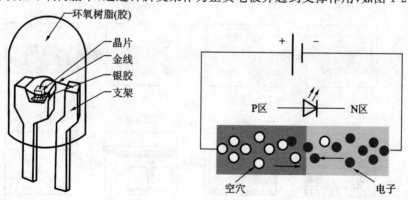

图 1-27　发光二极管的结构图　　　　**图 1-28　发光二极管的工作原理**

发光二极管的工作原理图如图 1-28 所示,当给 PN 结一个正向电压,PN 结的内部电场被抵消。注入的电子(负电荷离子)与空穴(正电荷离子)复合时,便将多余的能量以光的形式释放出来,从而把电能直接转换为光能。

发光二极管的优点如下。

(1)高节能：直流驱动,超低功耗(单管 0.03～0.06 W),电光功率转换接近 100%,相同照明效果比传统光源节能 80% 以上。

(2)寿命长：有人称它为长寿灯,意为永不熄灭的灯。固体冷光源,环氧树脂封装,灯体内也没有松动的部分,不存在灯丝发光易烧、热沉积、光衰等缺点,使用寿命可达 6 万到 10 万小时,比传统光源寿命长 10 倍以上。

(3)多变幻：可利用红、绿、蓝三基色原理,在计算机技术控制下使三种颜色具有 256 级灰度并任意混合,即可产生 256^3(即 16777216)种颜色,形成不同光色的组合,实现丰富多彩的动态变化效果及各种图像。

(4)利环保：环保效益更佳,光谱中没有紫外线和红外线,既没有热量,也没有辐射,眩光小,而且废弃物可回收,没有污染,不含汞元素,为冷光源,可以安全触摸,属于典型的绿色照明光源。

(5)高新尖：与传统光源单调的发光效果相比,LED 光源是低压微电子产品,成功融合了计算机技术、图像处理技术等,所以也是数字信息化产品。

知识拓展

1. 液晶显示器的制作过程

图 1-29 所示的为液晶显示器的制作过程。

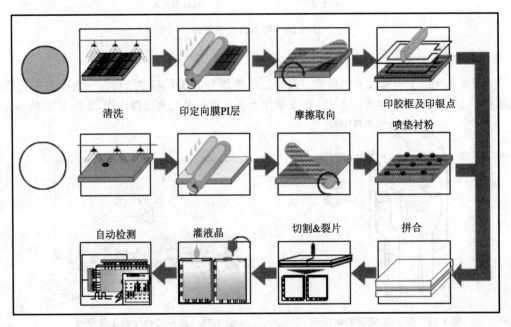

图 1-29　液晶显示器制作过程

2. 点阵式 LED

LED 点阵显示模块是一种能显示字符、图形和汉字的显示器件,具有价廉节电、使用寿命长、易于控制等特点；它广泛应用于各种公共场合，如车站、机场、体育场馆、港口机场、客运站、高速公路、新闻发布会现场、证券交易所等。

很多单个的 LED 组合起来，可以显示字符和图形。实际应用中，一个 LED 点阵显示模块一般是由 $M \times N$ 个 LED 发光二极管组成的矩阵。

以发光二极管为像素，它将高亮度发光二极管芯阵列组合后，用环氧树脂和塑模封装而成，具有亮度高、功耗低、引脚少、视角大、寿命长、耐湿、耐冷热、耐腐蚀等特点。

LED 点阵显示模块有单色和双色两类，如图 1-30 所示，可显示红、黄、绿、橙等颜色。常用的有 5×7、7×9、8×8 结构。多个 LED 点阵显示模块可组成点阵数更高的点阵，如 4 个 8×8 LED 点阵显示模块可构成 16×16 点阵。

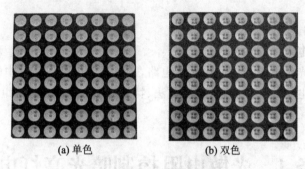

(a) 单色　　　　　　　　　(b) 双色

图 1-30　LED 点阵模块

思考与练习

1. 光电探测系统的组成有哪些？各部分的功能是什么？

2. 什么是白噪声，什么是 $1/f$ 噪声？

3. 什么是漂移和扩散作用？

4. 什么是光电导效应、光生伏特效应和外光电效应？

5. 简述液晶显示的工作原理。

6. 简述发光二极管的工作原理。

7. 一支 He-Ne 激光器（波长 632.8 nm）发出激光的功率为 2 mW。该激光束的平面发散角为 1 mrad，激光器放电毛细管直径为 1 mm，求出该激光束的光通量、发光强度、光亮度、光出射度。

8. 一只白炽灯，假设向各个方向均匀发光，悬挂在离地面 1.5 m 的高处，用照度计测得正下方的照度为 30 lx，求该白炽灯的光通量。

项目 2

光敏电阻控制的夜明灯电路

项目名称:光敏电阻控制的夜明灯电路。

项目分析:完成光敏电阻控制的夜明灯电路,了解光敏电阻在电路中的作用及控制方法。

相关知识:光敏电阻的工作原理、检测方法、特性参数;由光敏电阻组成的其他电路及其分析。

任务 1 光敏电阻控制暗光亮灯电路

1.电路原理图

光敏电阻控制暗光亮灯电路如图 2-1 所示。

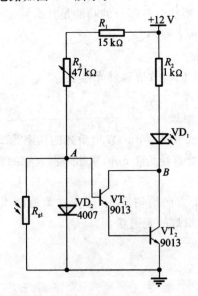

图 2-1 光敏电阻控制暗光亮灯电路

2. 电路分析

图 2-1 所示的为光敏电阻控制电路的最简单的一种形式。实验现象及效果相当明显。用手遮住光敏电阻 R_{g1}，则其电阻变大。R_{g1} 与滑动变阻器 R_3 串联接于 12 V 电源，故 A 点电位升高。当电位升高至 VT_1 的基极开启电压时，VT_1 导通。VT_1 与 VT_2 构成一组达林顿管的结构，同时导通后，与 R_2 串联的发光二极管 VD_1 的回路也导通，故发光二极管 VD_1 正常发光。手不再遮挡光敏电阻 R_{g1} 时，其电阻较快减小，则 A 点的电位迅速降低，低于 VT_1 的开启电压，则 VT_1 与 VT_2 均不导通，发光二极管 VD_1 所在的回路不导通，故发光二极管 VD_1 熄灭，达到暗光亮灯、亮光灭灯的效果。该光敏电阻控制电路结构简单，主要靠光敏电阻 R_{g1} 来完成光控的功能。

任务 2 声光控节能夜明灯开关电路

1. 电路原理图

在日常生活中，我们经常使用的是这种声光控节能夜明灯，其电路图如图 2-2 所示。

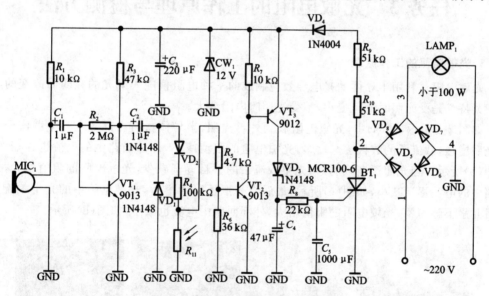

图 2-2 声光控节能夜明灯开关电路

2. 电路分析

这种节能夜明灯开关电路，在白天或光线较亮时，呈关闭状态，灯不亮；夜间或光线较暗时，节能夜明灯开关呈预备工作状态。当有人经过该开关附近时，脚步声等将节能夜明灯开关启动，灯亮，延时 40～50 s 后节电开关自动关闭，灯灭，其组成原理框图如图 2-3 所示。

图 2-2 中，话筒 MIC_1 和 VT_1、$R_1 \sim R_3$、C_1 组成声音拾取放大电路。为了获得较高的灵敏度，VT_1 的 β 值要大于 100，话筒 MIC_1 也选用灵敏度高的。R_3 不宜过小，否则电路容易产生间歇振荡，C_2、VD_1 和 VD_2、C_3 构成倍压整流电路。把声音信号变成直流控制电压。R_4、

R_5 和光敏电阻 R_{11} 组成光控电路。有光照射在 R_{11} 上时,阻值变小,对直流控制电压衰减很大。VT_2、VT_3 和 R_7、VD_3 组成的电子开关截止,C_4 内无电荷,单向可控硅 MCR100-6 截止,灯泡不亮。在 MCR100-6 截止时,直流高压经 R_9、R_{10}、VD_4 降压后加到 C_3、CW_1(稳压管)上端。C_3 为滤波电容,CW_1 为稳压值为 12~15 V 的稳压二极管,保证 C_3 上电压不超过 15 V 直流电压。当无光照射 R_{11} 时,R_{11} 阻值很大,对直流控制电压衰减很小,VT_2、VT_3 等组成的电子开关导通,VD_3 也导通,使 C_4 充电。R_8、C_5 和单向可控硅 MCR100-6、$VD_5 \sim VD_8$ 组成延时与交流开关。C_4 通过 R_8 把直流触发电压加到 MCR100-6 控制端,MCR100-6 导通,灯泡点亮。灯泡发光时间长短由 C_4、R_8 的参数决定,按图中所给出的元器件数值(R_8 为 22 kΩ),发光 30 s 左右后,MCR100-6 截止,灯熄灭。C_5 为抗干扰电容,用于消除灯泡发光抖动现象。

图 2-3 声光控节能夜明灯开关电路原理框图

任务 3 光敏电阻的工作原理与检测方法

1. 光敏电阻的工作原理

光敏电阻是利用半导体的光电导效应制成的一种电阻值随入射光的强弱而改变的电阻器。其特点是受光照时电阻变小,不受光照时电阻变大。

如图 2-4 所示,图(a)中,光敏电阻收到外界光照,半导体材料内部产生光生载流子。随着光照增强,载流子的数目逐渐增多,光敏电阻的阻值减小,外部回路中的电流也逐渐增大,如图(b)所示。当光照逐渐减弱后,光生载流子的数目逐渐减少,光敏电阻的阻值增大,外部回路中的电流逐渐减小,如图(c)所示,最后当光照下降为零后,光敏电阻中的光生载流子的数目几乎下降为零,光敏电阻的阻值增大,外部回路中电流也减小,如图(d)所示。

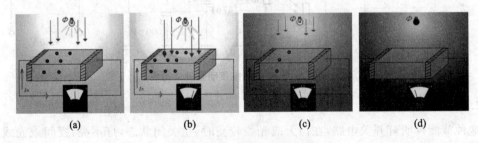

图 2-4 光敏电阻的工作原理

综合上述光敏电阻的工作过程,可归纳光电导效应的产生过程如下所示:

$$\text{光} \xrightarrow{} \text{半导体材料} \xrightarrow{\text{吸收光照}} \text{光生载流子} \xrightarrow{\text{增加}} \text{半导体材料电导率} \uparrow \text{电阻值} \downarrow$$

根据半导体材质的不同,又可将光电导效应分为以下两类:

$$光电导效应\begin{cases}本征光电导效应：电子跃迁禁带，从价带跃迁至导带\\杂质光电导效应\begin{cases}P\ 型：电子由价带跃迁至受主能级\\N\ 型：电子由施主能级跃迁至导带\end{cases}\end{cases}$$

2. 光敏电阻的结构与分类

利用具有光电导效应的材料（如 Si、Ge 等本征半导体与杂质半导体，以及 CdS、CdSe、PbS 等）可以制成电导率随入射光辐射量变化而变化的器件。这类器件被称为光电导器件或光敏电阻，简称 PC。光敏电阻是用光电导体制成的光电器件，又称光导管，其符号如图 2-5 所示。

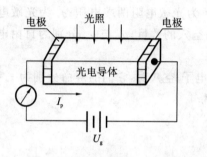 

图 2-5　光敏电阻的工作电路及电路符号　　　　**图 2-6　光敏电阻实物图**

光敏电阻是在一块均质光电导体两端加上电极，贴在硬质玻璃、云母、高频瓷或其他绝缘材料基板上，两端接有电极引线，封装在带有窗口的金属或塑料外壳内而成的，如图 2-6 所示。光敏电阻分为两类，即本征型光敏电阻和掺杂型光敏电阻。前者只有当入射光子能量 $h\nu$ 等于或大于半导体材料的禁带宽度 E_g 时才能激发一个电子-空穴对，在外加电场作用下形成光电流，能带结构如图 2-7(a) 所示；后者如图 2-7(b) 所示，为 N 型半导体，光子的能量 $h\nu$ 只要等于或大于 ΔE_d（杂质电离能）时，就能把施主能级上的电子激发到导带而成为导电电子，在外加电场作用下形成电流。

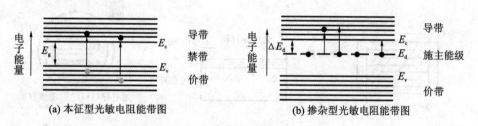

(a) 本征型光敏电阻能带图　　　　　　　**(b) 掺杂型光敏电阻能带图**

图 2-7　两种类型光敏电阻能带图

本征型光敏电阻长波限：

$$\lambda_L \leqslant \frac{1.24}{E_g}\ (\mu m) \tag{2-1}$$

掺杂型光敏电阻长波限：

$$\lambda_L \leqslant \frac{1.24}{\Delta E_d}\ (\mu m) \tag{2-2}$$

从原理上说，P 型、N 型半导体均可制成光敏电阻，但由于电子的迁移率比空穴的大，而且用 N 型半导体材料制成的光敏电阻性能较稳定，特性较好，故目前大都使用 N 型半导体光敏电阻。为了减少杂质能级上电子的热激发，光敏电阻常需要在低温下工作。

3. 光敏电阻的工作电流

光敏电阻没有极性,纯粹是一个电阻器件,使用时两电极可加直流电压,也可加交流电压。无光照时,光敏电阻的阻值很大,电路中电流很小。接受光照时,由光照产生的光生载流子迅速增加,它的阻值急剧减少。在外电场作用下光生载流子沿一定方向运动,在电路中形成电流,光生载流子越多,电流越大。

如图 2-5 所示的光敏电阻工作电路中,无光照时光敏电阻中流经的暗电流为

$$I_D = \frac{U\sigma_0 A}{L} = \frac{qAU(n_0\mu_n + p_0\mu_p)}{L} \tag{2-3}$$

式中:L 为电导体长度;A 为光电导体横截面面积;U 为光敏电阻两端电压;σ_0 为光敏电阻暗电导率;n_0 与 p_0 分别为光敏电阻中自由电子与自由空穴的数目;μ_n 与 μ_p 分别为自由电子与自由空穴的迁移速度。

在光辐射的作用下,假定每单位时间产生 N 个电子-空穴对,它们的寿命分别为 τ_n 和 τ_p,那么,由于光辐射激发增加的电子和空穴浓度分别为

$$\Delta n = \frac{N\tau_n}{AL} \tag{2-4}$$

$$\Delta p = \frac{N\tau_p}{AL} \tag{2-5}$$

于是,材料的电导率增加了 $\Delta\sigma$,$\Delta\sigma = q(\Delta n\mu_n + \Delta p\mu_p)$,称为光电导率 $\Delta\sigma$。由光电导率 $\Delta\sigma$ 引起的光电流为

$$I_p = \frac{U\Delta\sigma A}{L} = \frac{qAU(\Delta n\mu_n + \Delta p\mu_p)}{L} = \frac{qNU}{L^2}(\tau_n\mu_n + \tau_p\mu_p) \tag{2-6}$$

由式(2-6)知道,光敏电阻的光电流 I_p 与 L 的平方成反比。因此在设计光敏电阻时为了既减小电极间的距离 L,又保证光敏电阻有足够受光面积,一般采用图 2-8 所示的三种电极结构。

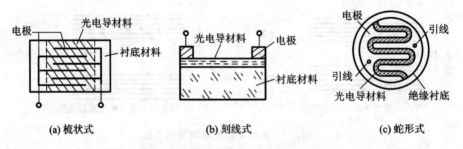

(a) 梳状式　　　　**(b) 刻线式**　　　　**(c) 蛇形式**

图 2-8　光敏电阻的三种结构示意图

梳状式光敏电阻是在玻璃基底上面蚀刻成互相交叉的梳状槽,在槽内填入黄金或石墨等导电物质,在表面再敷上一层光敏材料,如图 2-8(a)所示。刻线式光敏电阻是在玻璃基片上镀制一层薄的金属箔,将其刻划成栅状槽,然后在槽内填入光敏电阻材料层后制成,如图 2-8(b)所示。蛇形式光敏电阻是将光电导材料制成蛇形,光电导体两侧为金属导电材料,并在其上设置电极,如图 2-8(c)所示。

4.光敏电阻的检测方法

根据光敏电阻的工作原理,在使用光敏电阻时,应该根据电路需求,选用暗电阻和亮电阻式的光敏电阻,而且暗电阻和亮电阻相差越大越好。在接入电路之前,需对光敏电阻进行检测,判断其性能好坏,主要检测暗光反应、亮光反应以及光敏电阻的灵敏度。

(1)用一黑纸片将光敏电阻的透光窗口遮住,用万用表的欧姆挡测量光敏电阻阻值,此时万用表的指针基本保持不动,阻值接近无穷大。此值越大说明光敏电阻性能越好。若此值很小或接近为零,说明光敏电阻已烧穿损坏,不能再继续使用。

(2)将一光源对准光敏电阻的透光窗口,此时万用表的指针应有较大幅度的摆动,阻值明显减小。此值越小说明光敏电阻性能越好。若此值很大甚至为无穷大,表明光敏电阻内部开路损坏,也不能再继续使用。

(3)将光敏电阻透光窗口对准入射光线,用小黑纸片在光敏电阻的遮光窗上部晃动,使其间断受光,此时万用表指针应随黑纸片的晃动而左右摆动。如果万用表指针始终停在某一位置不随纸片晃动而摆动,说明光敏电阻的光敏材料已经损坏。

任务 4　光敏电阻的特性参数

1.几个概念

暗电阻:光敏电阻在室温条件下,在全暗后经过一定时间测量的电阻值,记作 R_D。

暗电导:暗电阻的倒数,$g_D = \dfrac{1}{R_D}$,表示在暗环境下对电流的传输能力。

暗电流:在暗电阻测量环境下流过电阻的电流,记作 I_D。

亮电阻:光敏电阻在一定照度下的阻值,记作 R_B。

亮电流:该光照下,流经光敏电阻的电流,记作 I_B。

光电流:收到光照后,完全由光生载流子所产生的电流,记作 I_P。

亮电流是光敏电阻受到光照后流经其内部的电流,应包括暗电流以及光电流,即

$$I_B = I_D + I_P \tag{2-7}$$

根据欧姆定律,可将式(2-7)改写为

$$\frac{U}{R_B} = \frac{U}{R_D} + \frac{U}{R_P} \tag{2-8}$$

根据电阻与电导的关系,式(2-8)即为

$$g_B = g_D + g_P \tag{2-9}$$

2.光电导灵敏度

光电导灵敏度是光敏电阻一个重要的特性参数,它表示的是光敏电阻的电导值(或电阻值)与所受到光照度之间的关系。

按灵敏度定义(响应量与输入量之比),光电导灵敏度 S_g 的定义式为

$$S_g = \frac{g_P}{E} \tag{2-10}$$

式中：S_g 称为光电导灵敏度，单位为西门子/勒克斯(S/lx)或 $S \cdot m^2/W$；g_P 为光敏电阻的光电导，在进行计算时，可运用式(2-9)进行变换。

[例题 1]

光敏电阻 R 与 $R_L = 2\ k\Omega$ 的负载电阻串联后接于 $U_b = 12\ V$ 的直流电源上，无光照时负载上的输出电压为 $U_1 = 20\ mV$，有光照时负载上的输出电压 $U_2 = 2\ V$。

求：① 光敏电阻的暗电阻与亮电阻值；

② 若光敏电阻所受到的光照度为 100 lx，求光敏电阻的光电导灵敏度。

分析　光敏电阻与负载串联，则光敏电阻与负载中流经的电流是相等的；另外光敏电阻与负载上的分压相加，应为总电源电压 12 V。根据题目要求以及各种物理量的定义式进行各项求解。

解　① $R_D = \dfrac{12\ V - U_1}{U_1/R_L} = \dfrac{12\ V - 20\ mV}{20\ mV/2\ k\Omega} = \dfrac{11.98\ V}{10^{-6}\ A} = 1.198 \times 10^7\ \Omega$

$R_B = \dfrac{12\ V - U_2}{U_2/R_L} = \dfrac{12\ V - 2\ V}{2\ V/2\ k\Omega} = \dfrac{10\ V}{10^{-3}\ A} = 10^4\ \Omega$

② $S_g = \dfrac{g_P}{E} = \dfrac{g_B - g_D}{E} = \dfrac{\dfrac{1}{R_B} - \dfrac{1}{R_D}}{100\ lx} = \dfrac{\dfrac{1}{10^4\ \Omega} - \dfrac{1}{1.198 \times 10^7\ \Omega}}{100\ lx} \approx 10^{-6}\ S/lx$

3. 光电特性

光电流与照度的关系称为光电特性。光敏电阻光电特性具有如下形式：

$$I_p = S_g E^\gamma U^\alpha \tag{2-11}$$

式中：E 为照度；γ 为光照指数，它与材料和入射光强弱有关，对于硫化镉光电导体，在弱光照下 $\gamma = 1$，在强光照下 $\gamma = 1/2$，一般 $\gamma = 0.5 \sim 1$；U 为光敏电阻两端所加的电压；α 为电压指数，它与光电导体和电极材料之间的接触有关，欧姆接触时 $\alpha = 1$，非欧姆接触时 $\alpha = 1.1 \sim 1.2$；S_g 为光电导灵敏度。

4. 光谱特性

光谱特性多用相对灵敏度与波长关系曲线表示。从这种曲线中可以直接看出灵敏范围、峰值波长位置和各波长下灵敏度的相对关系，如图 2-9 和图 2-10 所示。

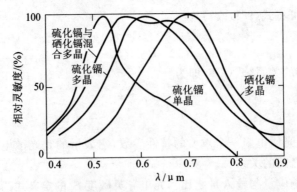

图 2-9　在可见光区灵敏的几种光敏电阻的光谱特性曲线

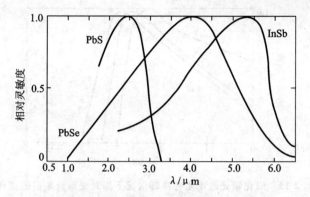

图 2-10　在红外区灵敏的几种光敏电阻的光谱特性曲线

从两图中可见,硫化镉单晶、硫化镉与硒化镉混合多晶、硫化镉多晶、硒化镉多晶等几种光敏电阻的光谱特性曲线覆盖了整个可见光区,峰值波长在 $515\sim600$ nm。这与人眼的光谱光视效率 $V(\lambda)$ 曲线的范围和峰值波长(555 nm)是很接近的,因此可用于与人眼有关的仪器,例如照相机、照度计、光度计等。不过它们的形状与 $V(\lambda)$ 曲线的形状还不完全一致。如直接使用,与人的视觉还有一定的差距。所以具体应用时还必须加滤光片进行修正,使其特性曲线与 $V(\lambda)$ 曲线完全符合起来,这样,即可得到与人眼视觉相同的效果。

5. 温度特征

(1)光敏电阻的温度特性很复杂,在一定的照度下,亮电阻的温度系数 α 有正有负(见图 2-11),α 为

$$\alpha = \frac{R_2 - R_1}{R_1(T_2 - T_1)} \tag{2-12}$$

式中:R_1、R_2 分别为和温度 T_1、T_2 相对应的亮电阻。

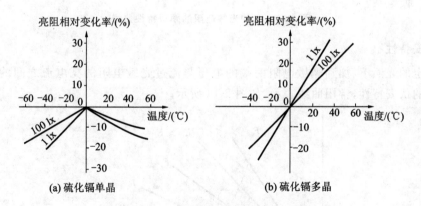

图 2-11　硫化镉光敏电阻的温度特性曲线

(2)温度对光谱响应也有影响。一般来说,光谱特性主要取决于材料,材料的禁带宽度越窄,则对长波越敏感。但禁带很窄时,半导体中热激发也会使自由载流子浓度增加,使复合运动加快,灵敏度降低。因此,采取冷却灵敏面的办法来提高灵敏度往往是很有效的,如图 2-12 所示。

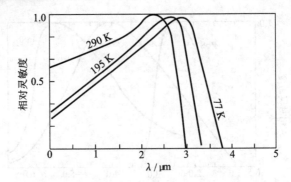

图 2-12 硫化铅光敏电阻在冷却情况下相对光谱灵敏度的变化

6. 频率特性

光敏电阻采用交变光照时,其输出将随入射光频率的增加而减小,如图 2-13 所示。这是因为光敏电阻是依靠非平衡载流子效应工作的,非平衡载流子的产生与复合都有一个时间过程,这个时间过程即在一定程度上影响了光敏电阻对变化光照的响应。

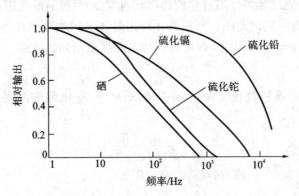

图 2-13 几种光敏电阻的频率特性曲线

7. 伏安特性

在一定的光照下,加到光敏电阻两端的电压与流过光敏电阻的亮电流之间的关系称为光敏电阻的伏安特性,常用曲线表示,如图 2-14 所示。

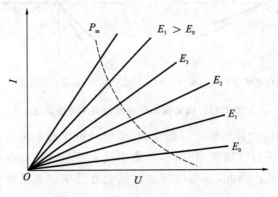

图 2-14 光敏电阻的伏安特性曲线

图中的虚线为额定功耗线。使用光敏电阻时,应使电阻的实际功耗不超过额定值。从图上来说,就是不能使静态工作点居于虚线以内的区域。按这一要求,在设计负载电阻时,应使负载线与额定功耗线不相交。

8. 前历效应

测试前光电导探测器所处的状态(无光照或有光照)对光电探测器特性的影响,大多数光电导探测器在稳定的光照下,其阻值有明显的漂移现象,而且经过一段时间间隔后复测阻值还有变化,这种现象称为光电导探测器的前历效应。对前历效应又分为短态前历效应和中态前历效应两种情况来进行测试和研究。所谓短态前历效应是指被测光电导探测器在无光照条件下放置一段时间(例如 3 min)后,再在 1 lx 照度下测量它的不同时刻的阻值,如光照 1 s 后的阻值 R_1,求出 R_0/R_1 的百分比值(R_0 为稳态时的阻值),这就是短态前历效应或暗态前历效应。显然,这个比值越大越好。被测光敏电阻在无光照条件下放 24 h,而后测量其在 100 lx 照度下的阻值 R_1,再在 1000 lx 照度下放 15 min,测出 100 lx 照度下的阻值 R_2,此时变化的百分比

$$\beta = \frac{R_2 - R_1}{R_1} \times 100\% \tag{2-13}$$

显然,这个数值应越小越好。这就是中态前历效应。中态前历效应又称亮态前历效应。表 2-1 和表 2-2 分别列出了一种 CdS 光敏电阻的短态前历效应和中态前历效应值。

表 2-1　CdS 光敏电阻的短态前历效应

时间/s	1	2	5	10	15	20	30	60	90	120	$R_0/R_1/(\%)$
阻值/kΩ	6.5	6	5.5	5.2	5.2	5.2	5.2	5.1	5.0	5.1	77

表 2-2　CdS 光敏电阻的中态前历效应

元件编号	1	2	3	4	5	6	7	8
$R_1/k\Omega$	2.74	5.06	2.25	2.42	1.45	2.23	3.58	5.40
$R_2/k\Omega$	2.89	5.24	2.39	2.60	1.48	2.31	3.69	5.62
$\beta = \dfrac{\Delta R}{R_1}/(\%)$	5.5	3.6	6.2	7.4	2.0	3.6	3.1	4.1

9. 光电导探测器的噪声

光电导探测器的噪声源主要有三个,即热噪声、产生-复合噪声及 $1/f$ 噪声。总的均方噪声电流或噪声功率可按项目 1 任务 4 中的分析直接写出

$$\overline{i_N^2} = \overline{i_{NT}^2} + \overline{i_{Ng\text{-}r}^2} + \overline{i_{Nf}^2} = \frac{4kT\Delta f}{R} + 4eI\left(\frac{\tau}{t_{漂}}\right)\Delta f + \frac{K_f I^a \Delta f}{f^\beta} \tag{2-14}$$

图 2-15 绘出了典型光电导探测器的噪声功率谱。由图可知,在低频段主要是 $1/f$ 噪声,在中频段以产生-复合(g-r)噪声为主,而高频段则热噪声占优势。这些噪声谱转折点随半导体材料的掺杂及结构工艺情况而异。对于多数光电导探测器,这两个转折点大致在 1 kHz、1 MHz 量级。在通常的工作频率(系指光信号调制频率)范围内,主要是产生-复合噪声。

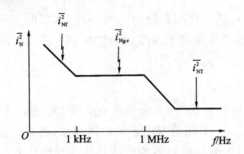

图 2-15　典型光电导探测器噪声功率谱

任务 5　光敏电阻的其他控制电路

1. 光敏电阻的特点

光敏电阻种类繁多,按光谱响应范围分,有对紫外光敏感的、对可见光敏感的和对红外光敏感的光敏电阻等。对可见光敏感的光敏电阻中,主要品种有硫化锌、硫化镉、硒化镉及其混合多晶等。

光敏电阻和其他半导体光电器件相比有以下特点:

(1)光谱响应范围相当宽。根据光电导材料的不同,有的在可见光区灵敏,有的灵敏域可达红外区域远红外区。

(2)工作电流大,可达数毫安。

(3)所测的光强范围宽,既可测弱光,也可测强光。

(4)灵敏度高,通过对材料、工艺和电极结构的适当选择和设计,光电增益可以大于 1。

(5)无极性之分,使用方便。

光敏电阻的不足之处是,在强光照下光电线性较差,光电弛豫过程较长,频率特性较差,因此使它的应用领域受到一定限制。

根据光敏电阻的特点和分类,它主要在照相机、光度计、光电自动控制、辐射测量、能量辐射物搜索和跟踪、红外成像和红外通信等方面作辐射接收元件。下面介绍几种常见的光敏电阻的控制电路。

2. 光敏电阻控制电路的一般组成形式

图 2-16 所示的是光敏电阻控制电路的一般组成形式,一般有光动开关、暗动开关的形式,还可用光敏电阻控制运算放大器、继电器等元器件完成电路的控制。

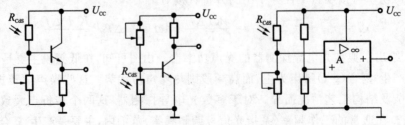

图 2-16　光敏电阻控制电路的一般组成形式

3. 光控报警电路

光控报警电路图如图 2-17 所示。

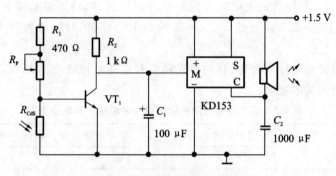

图 2-17　光控报警电路图

4. 电子蜡烛电路

电子蜡烛电路图如图 2-18 所示。

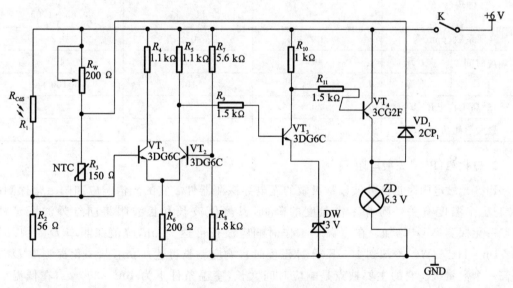

图 2-18　电子蜡烛电路图

知识拓展

　　光敏电阻若按照它的光谱特性及最佳工作波长范围,基本上可分为三类:对紫外光灵敏的光敏电阻,如硫化镉(CdS)和硒化镉(CdSe)等;对可见光灵敏的光敏电阻,如硫化铊(TlS)、硫化镉(CdS)和硒化镉(CdSe)等;对红外光灵敏的光敏电阻,如硫化铅(PbS)、碲化铅(PbTe)、硒化铅(PbSe)、碲镉汞($Hg_{1-x}Cd_xTe$)、碲锡铅($Pb_{1-x}Sn_xTe$)和锗掺杂等。下面介绍几种常用的光敏电阻。

1. 硫化镉(CdS)光敏电阻

CdS 光敏电阻是可见光波段内最灵敏的光电导器件,峰值波长为 $0.52~\mu m$。若在 CdS 中掺入微量杂质铜和氯,使器件的光谱响应向远红外区域延伸,峰值波长变长。CdS 光敏电阻的亮、暗电导比在 10 lx 照度上可达 10^{11}(一般约为 10^6),它的时间常数与入射照度有关,在 100 lx 下约为几十毫秒。

它被广泛地用于自动控制灯光、自动调光调焦和自动照相机中。表 2-3 为国产照相机所用硫化镉光敏电阻的基本参量。

表 2-3 国产照相机所用硫化镉光敏电阻的基本参量

分 类		用于外测光	用于内测光	用于电子快门
光谱响应范围/μm		0.4~0.7	0.4~0.7	0.4~0.7
峰值波长/μm		0.56±0.03	0.59±0.03	0.56±0.03
100 lx 亮电阻/$k\Omega$		1~3	0.5~2	3~15
暗电阻/$k\Omega$		2	0.5	10~50
伽玛(γ)值		(10~100 lx) 0.65~0.75	(0.1~1000 lx) 0.55~0.65	(0.1~1000 lx) 0.85~1.05
温度系数(ppm/℃)		0.2	0.2	0.2
响应时间 /ms	上升	40	40	40
	下降	100	100	100
最高工作电压/V		20	20	20
最大消耗功率/mW		30	30	30

2. 硫化铅(PbS)光敏电阻

PbS 光敏电阻是近红外波段最灵敏的光电导探测器件。它的光谱响应和归一化探测率 D^* 与工作温度有关。随着工作温度的降低,其峰值波长和长波限将向红外波段延伸,且归一化探测率 D^* 增加。在室温下工作时响应波长可达 $3~\mu m$,峰值探测率 $D_\lambda^* = 1.5 \times 10^{11}~cm \cdot Hz^{1/2}/W$。冷却到 195 K(干冰温度时),响应波长可达 $4~\mu m$,归一化探测率 D^* 可提高一个数量级。它的主要缺点是响应时间太长,室温条件下为 $100 \sim 300~\mu s$,在低温(如 77 K)下可达几十毫秒。

3. 锑化铟(InSb)光敏电阻

室温下长波限可达 $7.5~\mu m$,峰值探测率 $D_\lambda^* = 1.2 \times 10^9~cm \cdot Hz^{1/2}/W$,时间常数为 $2 \times 10^{-2}~\mu s$。冷却至 0 ℃时 D^* 可提高 2~3 倍。当工作温度再降低,到液氮温度(77 K)时,长波限减小到 $5.5~\mu m$,其峰值在 $5~\mu m$,$D_\lambda^* = 1 \times 10^{11}~cm \cdot Hz^{1/2}/W$,响应时间约为 $1~\mu s$,这时 InSb 光敏电阻所对应的峰值波长刚好在大气窗口 $3 \sim 5~\mu m$ 光谱范围内,因此得到广泛应用。

4. 碲镉汞($Hg_{1-x}Cd_xTe$)系列光敏电阻

$Hg_{1-x}Cd_xTe$ 系列光敏电阻是目前所有探测器中性能最优良、最有前途的探测器,尤其是对 $8 \sim 14~\mu m$ 大气窗口波段的探测更为重要。它由化合物 CdTe 和 HgTe 两种材料的混合晶体制备而成,其中 x 是 Cd 含量的组分。在光电导体中,由于配制 Cd 组分(x 量)的不同,可得到不同的禁带宽度 E_g,从而制造出波长响应范围不同的 $Hg_{1-x}Cd_xTe$ 探测器。一般组分 x 的变化范围为 $1.8\sim0.4$,相应于探测器的长波限为 $3\sim30~\mu m$。常用的有 $1\sim3~\mu m$、$3\sim5~\mu m$、$8\sim14~\mu m$ 三种波长范围的探测器,例如,$Hg_{0.8}Cd_{0.2}Te$ 探测器,光谱响应在 $8\sim14~\mu m$ 的为大气窗口,峰值波长为 $10.6~\mu m$,可与 CO_2 激光器的激光波长相匹配。$Hg_{0.72}Cd_{0.28}Te$ 探测器的光谱响应范围为 $3\sim5~\mu m$,与 InSb 探测器相比 D^* 大一个数量级。它是目前近红外、中红外探测器中性能最优良的探测器。

5. 碲锡铅($Pb_{1-x}Sn_xTe$)系列光敏电阻

$Pb_{1-x}Sn_xTe$ 系列光敏电阻是由 PbTe 和 SnTe 两种材料的混合晶体制备的,其中 x 是 Sn 的组分含量。同样,光电导体中的 Sn 的组分含量不同,它的禁带宽度也不同。随着组分的不同,它的峰值波长及长波限也随之改变,但它的禁带宽度变化范围不大,因此只能制造出长波限大于 $2.5~\mu m$ 的探测器。这类探测器目前能工作在 $8\sim10~\mu m$ 波段,由于探测率较低,应用不广泛。

$Pb_{1-x}Sn_xTe$ 系列器件中最常用的是 $Pb_{0.83}Sn_{0.17}Te$ 探测器。它在 77 K 条件下工作时峰值波长与 CO_2 激光波长 $10.6~\mu m$ 非常吻合,长波限为 $11~\mu m$,D^* 约为 $6.6\times10^8~cm\cdot Hz^{1/2}/W$,响应时间约为 $10^{-8}~s$;当冷却到 $4.2~℃$ 时,D^* 值可提高两个数量级,约为 $1.7\times10^{10}~cm\cdot Hz^{1/2}/W$,长波限延伸到 $15~\mu m$。

6. 锗掺杂探测器

锗掺杂探测器的特点是响应时间较短($10^{-8}\sim10^{-6}~s$),要求工作温度低。如果要求探测峰值波长很长的红外辐射,则必须工作在绝对温度 $4.2~K$,表 2-4 列出一些锗掺杂和锗-硅合金掺杂探测器的特性。从表中可以看出,锗掺杂探测器的探测波长可达 $130~\mu m$,这是其他探测器所不能达到的。

表 2-4　锗掺杂和锗-硅合金掺杂探测器的特性

材料	典型工作温度 /K	响应光谱范围 /μm	峰值波长 /μm	吸收系数 /cm⁻¹	量子效率	时间常数 /s	典型暗电阻 /Ω	低频时的探测率 D^* /(cm·Hz^{1/2}/W)
Ge：Au	77	3~9	6	≈2	0.2~0.3	3×10^{-3}	4×10^5	$3\times10^9\sim10^{10}$
Ge：Au(Sb)	77	3~9	6			1.6×10^{-9}	10^5	6×10^9
Ge：Hg	77	6~14	10.5	≈4	0.62	10^{-7}	1.2×10^5	5×10^{10}
Ge：Hg(Sb)	4.2	6~14	11			$2\times10^{-9}\sim3\times10^{-10}$	5×10^5	1.8×10^{10}
Ge：Cd	4.2	11~20	16			10^{-7}	10^5	4×10^{10}
Si：Sb	4.2	11~23	21			10^{-7}	7×10^5	2×10^{10}
Ge：Cu	4.2	12~27	23	≈4	0.2~0.6	$10^{-8}\sim2\times10^{-8}$	2×10^4	$(2\sim4)\times10^{10}$
Ge：Cu(Se)	4.2	12~27	23		0.56	$<2.2\times10^{-9}$	2×10^5	10^{10}
Ge：Zn	4.2	20~40	35			2×10^{-8}	2.5×10^5	5×10^{10}
Ge：B	2	70~130	104			$10^{-7}\sim10^{-8}$		7×10^{10}

思考与练习

1. 光敏电阻的类型有哪些？

2. 如何测试光敏电阻的好坏？

3. 光敏电阻工作时，是基于何种光电效应？简述其产生过程。

4. 根据图 2-17，分析该电路的工作原理，并制作该报警电路。

5. 根据图 2-18，分析电子蜡烛的工作原理。试说明何时蜡烛点亮，何时熄灭。制作该电路（图中使用的 NTC 为负温度系数的热敏电阻）。

6. 已知 CdS 光敏电阻的最大功耗为 40 mW，光电导灵敏度 $S_g = 0.5 \times 10^{-6}$ s/lx，暗电导为零，若给 CdS 光敏电阻加偏置电压 20 V，此时入射到 CdS 光敏电阻上的极限照度为多少 lx？

7. 已知 CdS 光敏电阻的暗电阻 $R_D = 10$ MΩ，在照度为 200 lx 时亮电阻 $R = 40$ kΩ，用此光敏电阻控制继电器，如题 7 图所示，电源电压为 25 V，如果继电器的线圈电阻为 10 kΩ，继电器的吸合电流为 2 mA，问需要多少照度时才能使继电器吸合？如果需要在 4000 lx 时继电器才能吸合，则此电路需做何种改进？

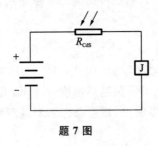

题 7 图

项目 3

光电池组成的照度计电路

项目名称:光电池组成的照度计电路。

项目分析:掌握光电池的工作原理,完成光电池照度计电路,了解光电池在电路中的作用及控制方法。

相关知识:光电池的工作原理、检测方法、特性参数。由光电池组成的电路原理及分析。

任务 1　光电池基本电源电路

1. 电路原理图

图 3-1 所示的为简单的光电池电源电路。

2. 电路分析

根据光电池的分类,将电源用途的光电池与电阻和发光二极管串联,在强光照下,光电池产生光生电动势,给发光二极管提供电源,发光二极管发光。

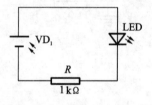

图 3-1　光电池基本电源电路

任务 2　光电池组成的光控开关电路

1. 电路原理图

图 3-2 所示的为光电池组成的光控开关电路原理图。

2. 电路分析

光控开关的功能是:无阳光照射(黑夜)的时候,灯亮;有阳光照射(白天)的时候,灯熄灭。

在无光照时,光电池 2CR 没有产生电压,VT 截止(或有较小的集电极电流),继电器 J 不能吸合,开关电路

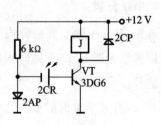

图 3-2　光电池组成的光控开关电路

不工作；当光电池 2CR 受光照射后，产生正向电压使 VT 导通，继电器 J 动作，控制开关电路，使灯亮。

任务 3　光电池简易照度计电路

1. 电路原理图

图 3-3 所示的为光电池简易照度计电路。

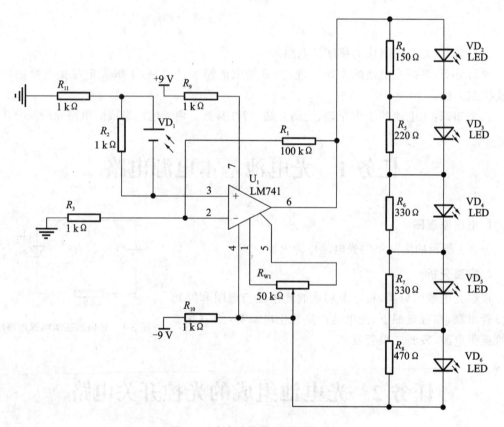

图 3-3　光电池简易照度计电路

2. 电路分析

首先，硅光电池受光的影响产生电流，经过并联采样电阻 R_2 产生电压信号，此电压信号进入运算放大器 LM741 的同相端进行放大；经过放大后产生伏级的电压输出信号，即电平输出信号。

其次，将电平输出信号经电平分配电阻产生串联式 LED 的各自工作电压，以驱动 LED，并按电位大小依次点亮 LED 发光。点亮串联 LED 的个数由光的强弱来决定。

多个 LED 发光的顺序为 VD_6、VD_5、VD_4、VD_3、VD_2，电位也依次从低到高，当电位较低时仅有 VD_6 发光，并且发光的强弱和电位也有关系；当电位适中时，此时一部分 LED 发光，其中 LED 发光的强弱也有所不同；当电位较高时，能提供所有 LED 的工作电压，所有 LED 都发光，且光强达到最大。

所以，这样就可以根据 LED 的发光情况来判断此时输入电信号的情况，进而实现对光电池所接收到的光照进行简单分析。

任务 4 光电池的工作原理

1. 光电池的工作原理

光电池是利用光生伏特效应制成的无偏压光电转换器件，由于其内部可能存在 PN 结，因此也称为结型探测器。

硅光电池的工作原理如图 3-4(a) 所示，PN 结内部形成一个内建电场，在受光照射时，就会在结区产生电子-空穴对。受内建电场的作用，空穴向 P 区移动，电子向 N 区移动，最后在结区两边产生一个与内建电场方向相反的光生电场，这个电场除了抵消内建电场外，还使 P 区带正电，N 区带负电。这种现象称为光生伏特效应。

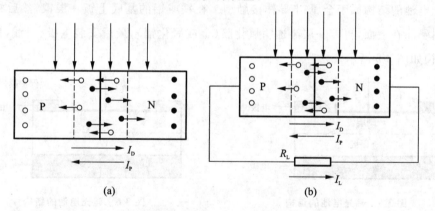

(a)　　　　　　　　　　　　　(b)

图 3-4 光电池工作原理图

若在 PN 结外电路上接负载电阻 R_L，如图 3-4(b) 所示，光电池工作时共有三股电流：光生电流 I_P、在光生电压作用下的 PN 结正向电流 I_D、流经外电路的电流 I_L。I_D 和 I_P 都是流经 PN 结的内部电流，但方向相反。

由光子产生的电流为光生电流，其表达式为

$$I_P = S_E E \tag{3-1}$$

式中：S_E 为光电池的光电灵敏度；E 为光照度。

根据 PN 结整流方程，在正向偏压 U 作用下，通过 PN 结的正向电流表达式为

$$I_D = I_S(e^{\frac{qU}{kT}} - 1) \tag{3-2}$$

式中：U 为光生电压；I_S 为反向饱和电流，是光电池加反向偏压后出现的暗电流。

如光电池与负载接通，则通过负载的电流为

$$I_L = I_P - I_D = I_P - I_S(e^{\frac{qU}{kT}} - 1) \tag{3-3}$$

2. 光电池的分类与结构

1）光电池的分类

根据用途不同，光电池可分为太阳能光电池和检测用光电池。

太阳能光电池是一种将光能转变为电能的能量转换装置，是一种绿色电源；检测用光电池是将光信号转变为电信号的光电探测器件，起测量作用。

根据结构不同，光电池可分为金属-半导体接触型和 PN 结型光电池。

根据制作材料的不同，光电池分为硒光电池、硅光电池、砷化镓光电池和锗光电池等。

硅光电池价格便宜，转换效率在 23% 左右，寿命长，适用于接受红外光，但在 200 ℃ 以上不能正常工作；硒光电池光电转换效率低，大概为 0.02%，寿命短，适用于接受可见光，适宜用于制造照度计；砷化镓光电池转换效率比硅光电池的稍高，光谱响应特性与太阳光谱最吻合，工作温度最高，用于宇宙飞船、卫星等探测器电源方面。

2）光电池的结构

硒光电池的结构属于金属-半导体接触型。在铁或铝的基底上镀一层镍，然后将 P 型半导体材料硒涂在上面，再镀一层半透明氧化膜（金或氧化镉），最后安装电极、引线，形成光电池，其结构如图 3-5 所示。

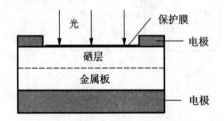
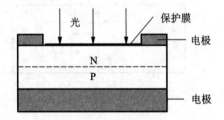

图 3-5　硒光电池的结构　　　　　　图 3-6　硅光电池的结构

光电池最典型的是硅光电池。硅光电池属于 PN 结型光电池。硅光电池根据衬底材料的不同分成 2CR 和 2DR 两种。2CR 硅光电池以 N 型硅为衬底，P 型硅为受光面的光电池。2DR 硅光电池以 P 型硅为衬底，N 型硅为受光面的光电池。构成 PN 结后在受光面上制作输出电极，称为前极或上电极。为了减少遮光，前极多做成梳状。衬底上的输出电极称为后极或下电极。为了减少发射光，增加透射光，一般会在受光面涂上 SiO_2 或 MgF_2 等防反射膜，也可以防潮、防腐蚀。硅光电池的具体结构如图 3-6 所示。

光电池的实物及符号如图 3-7 所示。

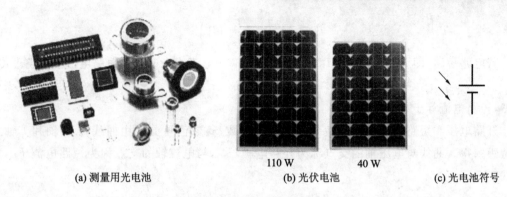

(a) 测量用光电池 (b) 光伏电池 (c) 光电池符号

110 W 40 W

图 3-7 光电池实物及符号

3. 光电池的检测方法

光电池在检测时应先判断其正负极。由于光电池在不受光照的条件下内部就是一个 PN 结,可根据 PN 结的正向导通、反向截止的现象判断出光电池的正负极。

单 PN 结组成的光电池输出电压一般比较小,可直接用万用表的直流挡位测量光电池的输出电压。在光照条件较好的情况下,硅管输出电压在 $0.6\sim0.7$ V,锗管输出电压在 $0.3\sim0.5$ V。如果输出电压很小,或者没有输出电压,可判断光电池存在问题。

对于大规模串并联成的光伏组件,在测量时应该了解该组件的额定电压以及电流,正常测试其输出电压和电流是否满足额定值要求即可。

任务 5　光电池的特性参数

1. 伏安特性

光电池的伏安特性表示输出电流和电压随负载电阻变化而变化的曲线。

光电池工作时共有三股电流,即光生电流 I_P、在光生电压作用下的 PN 结正向电流 I_D、流经外电路的电流 I_L,且

$$I_L = I_P - I_D = I_P - I_S(e^{\frac{qU}{kT}} - 1) \tag{3-4}$$

根据上式画出负载电阻上电流与电压的关系,也就是光电池的伏安特性曲线。图 3-8 所示的为不同照度的伏安特性曲线。

无光照的情况下,$E=0$,即 $I_P=0$,由式(3-4)得

$$I_L = -I_D \tag{3-5}$$

无光照时,光电池伏安特性曲线与普通半导体二极管的相同。

有光照情况下,若电路开路,即 $R=\infty$,$I_L=0$,PN 结两端的电压为光电池的开路电压 U_{OC},整理得

$$U_{OC} = \frac{kT}{q}\ln\left(\frac{I_P}{I_S} + 1\right) \tag{3-6}$$

若电路短路，即 $R=0$，$I_L=0$，$I_D=0$，PN 结两端的电流为光电池的短路电流 I_{SC}，整理得

$$I_{SC} = I_P = S_E \cdot E \tag{3-7}$$

显然，短路电流等于光生电流。

开路电压和短路电流是光电池的两个重要参数，其数值可分别由曲线与 U 轴和 I 轴上的截距求得。曲线与电压轴的交点称为开路电压 U_{OC}，与电流轴的交点称为短路电流 I_{SC}，如图 3-8 所示。

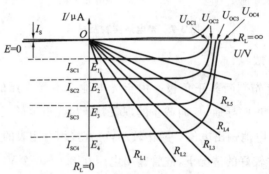

图 3-8 光电池伏安特性曲线

根据式(3-6)和式(3-7)，开路电压曲线是光生电动势与照度之间的特性曲线，短路电流曲线是光电流与照度之间的特性曲线。开路电压和短路电流都随着光照强度的增强而增大，只是短路电流是线性增加，而开路电压是先增大，后达到饱和。图 3-9 所示的为硅光电池的开路电压和短路电流与光照度的曲线关系。

电流短路时外接负载相对于光电池内阻而言是很小的，光电池在不同照度下，其内阻也不同，因而应选取适当的外接负载才能近似地满足短路条件，充分利用光电流与照度的线性关系。负载电阻越小，光电流与照度的线性关系越好，且线性范围越宽，图 3-10 所示的为光电流与照度的线性关系。

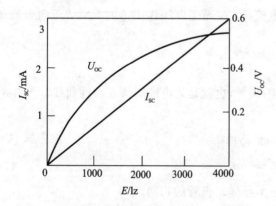

图 3-9 硅光电池的开路电压和短路电流与
　　　光照度的曲线关系

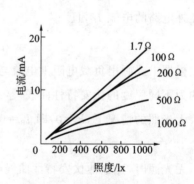

图 3-10 光电流与照度的线性关系

注意:不同光照射下有不同光电流和光生电动势;短路电流在很大范围内与光强呈线性关系;开路电压与光强是非线性的,且在一定照度下趋于饱和;光电池作为测量元件时,应把它作为电流源使用,不宜用作电压源,且负载电阻越小越好。

2. 光谱特性

光电池的光谱特性主要由材料及制作工艺决定,为了比较光电池对不同波长光的响应程度,规定在入射能量保持一个相同值的条件下,研究光电池的短路电流与入射光波长的关系,一般用相对响应度表示。如图 3-11 所示,硒光电池在可见光谱范围内有较高的灵敏度,峰值波长在 500 nm 附近,适宜测量可见光。硅光电池应用的范围为 400~1200 nm,峰值波长在 800 nm 附近,因此可在很宽范围内应用。

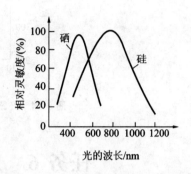

图 3-11 不同光电池对光的灵敏度

3. 频率特性

光电池作为测量、计数、接收元件时常采用调制光输入。光电池的频率特性指输出电流随调制光频率变化而变化的关系。频率特性与材料、结构尺寸和使用条件有关。图 3-12 给出了硒光电池和硅光电池的频率特性曲线。硅光电池具有较高的频率响应,而硒光电池则较差。图 3-13 给出了硅光电池的频率特性曲线。由图知,负载增大,频率特性变差。

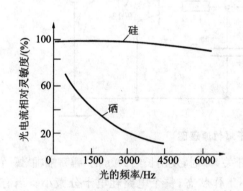

图 3-12 硒光电池和硅光电池的频率特性曲线

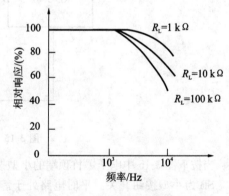

图 3-13 硅光电池的频率特性曲线

4. 温度特性

温度特性指开路电压和短路电流随温度变化而变化的关系,如图 3-14 所示。开路电压随温度的升高而下降的速度较快。短路电流随温度升高而缓慢增加。开路电压与短路电流均随温度变化而变化,关系到应用光电池的仪器设备的温度漂移,影响到测量或控制精度等主要指标。当光电池作为测量元件时,最好能保持温度恒定,或采取温度补偿措施。

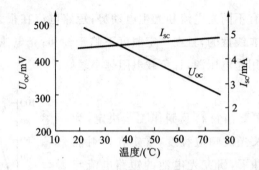

图 3-14   开路电压和短路电流随温度变化而变化的关系

任务 6   光电池的其他控制电路

1. 硅光电池电子爆竹

硅光电池电子爆竹电路如图 3-15 所示。

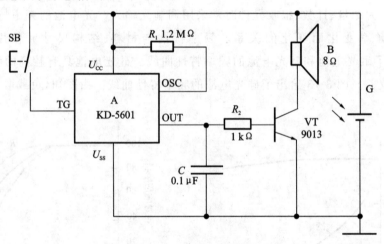

图 3-15   电子爆竹原理图

当按下图 3-15 中电子爆竹顶端的小型按钮开关 SB 时,发出长约 20 s 的"噼噼啪啪"爆竹声。

SB 为小型按钮开关。平时电路处于静态不工作状态,整个电路耗电十分微小。当有人按动 SB 开关时,A 的触发端 TG 就会获得正脉冲电信号,A 内部电路受触发工作,其输出端 OUT 便会输出爆竹声,经三极管 VT 功率放大后,推动扬声器 B 发出响亮的爆竹声。电路中,R_1 是 A 的外接正当电阻器,其阻值大小影响爆竹声的速度快慢和音调高低。电容器 C 主要用于滤去模拟声集成电路 A 所输出信号中一些不悦耳的谐波成分,使爆竹声更加清脆响亮。电阻器 R_2 主要起限流作用,可有效防止个别 β 值过高的功率放大三极管产生自激现象。

2. 光照度计

光照度计原理如图 3-16 所示。

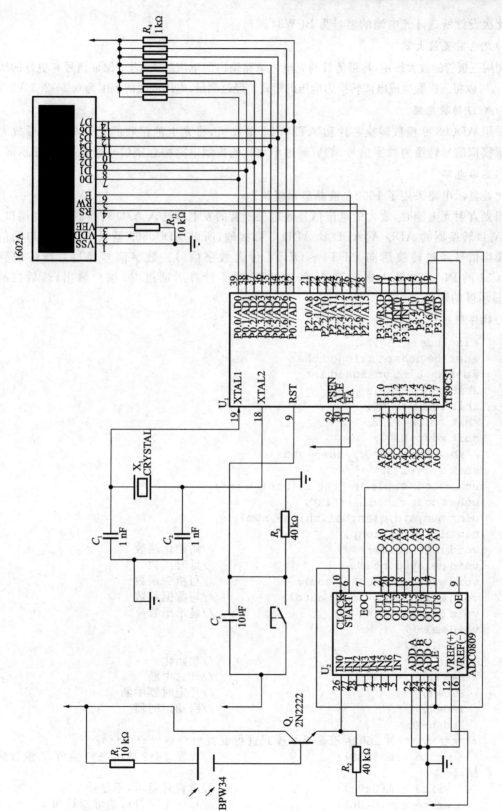

图 3-16 光照度计原理图

此次设计所选硅光电池的型号为 BPW34。

1）光电前置放大器

利用三极管的放大作用，将带负载的光电池电路输出的电流放大，为了保证信号有更好的线性关系，可以将三极管接成电流转换为电压的形式。经过测量，电压放大的范围为 0.2~2.3 V。

2）A/D 转换电路

采用 ADC0809 模数转换芯片和 AT89C51 单片机，将光电池接收的光信号转换后放大的电压模拟信号转换为数字信号，然后通过单片机的控制电路将数字信号送到 LCD 显示屏。

3）显示电路

此处显示电路采用了 1602A 液晶显示模块。

当光直射光电池时，放大的电压信号通过三极管的发射极送入 A/D 转换器的 IN0 端口。因为 A/D 转换器的 ADD A、ADD B、ADD C 都接地，所以 ADC0809 就采集 IN0 端口的信号。模拟信号经过转换后向 OUT1~OUT8 传送数字信号。数字信号经过总线传送到 AT89C51 的 P1 口，并读入累加器 A，经过 AT89C51 计算后通过 P0 端口输出，然后控制 LCD 显示屏的输出。

4）软件程序

```
# include <reg52.h>
# define uchar unsigned char
# define uint unsigned int
sbit lcden=P2^1;
sbit lcdrs=P2^0;
sbit lcdrw=P2^2;
sbit adwr=P3^7;
//sbit adcs=P3^0;//oe== gnd
sbit eoc=P2^3;
uchar code table[]="the illustion is";
uchar code table1[]="lx";
uint num,a,d,qian,bai,shi,ge,num1;
uint illusion,temp;
void init(void);                  //初始化函数
void delay(uint a);               //延时函数
void write_com(uchar com);        //写指令函数
void write_data(uchar date);      //写数据函数
void display(uint d);             //显示函数
void main()
{
  void init();                    //初始化
  EA=1;                           //开总中断
  ET0=1;                          //开定时器中断
  TR0=1;                          //启动定时器
  lcden=0;
/***********对 1602A 液晶显示模式进行设置***************/
  write_com(0x38);                //设置 16*2 显示,5*7 点阵,8 位数据
接口
  write_com(0x0c);                //设置开显示,不显示光标
  write_com(0x06);                //写一个字符后地址指针加 1
```

```
        write_com(0x01);                        //显示清零,数据指针清零
    while(1)
        {
/**开始不断扫描 P1 引脚是否有信号,并且对信号进行计算和显示**/
        if(P1!=0)
            {
                delay(10);
                if(P1!=0)//防止误判
                    {
                        adwr=0;
                        delay(5);
                        adwr=1;
                        delay(5);
                        adwr=0;
                        while(oec);
                        for(a=10;a>0;a-- )
                            {temp=illusion*4;
                            temp=1000;
                                display(temp);        //显示照度
                            }
                    };
            };
        }
}
/**********************初始化程序**********************/
void init(void)
{
    TMOD=0x01;                          //定时器 0 工作于计数方式 1
    TH0=(65536- 5000)/256;
    TL0=(65536- 5000)% 256;             //定时时间为 50 ms
    num=0;
//adcs=0;
//sign=0;
//temp=0;
write_com(0x80);
}
/************延时函数每次延时 50 ms*****************/
void delay(uint a)
{
    uint b,c;
    for(b=a;b>0;b-- )
        for(c=110;c>0;c-- );
}
/************ 定时器中断函数*****************/
void to_time()interrupt 1
{
    TH0=(65536- 5000)/256;              //中断函数里重新赋初值
    TL0=(65536- 5000)% 256;
    num++ ;
    if(num== 20)                        //每 20*50 ms 计算一次,并且显示速度
```

```
    {
              num=0;
                                                              //标志位
              illusion=P1;
          }
}
/*********** 写指令函数 ************/
void write_com(uchar com)
{
    lcdrs=0;
    //lcdrw=0;
    P0=com;
    //delay(5);
    lcden=1;
    delay(20);
    lcden=0;
}
/********* 写数据函数 *************/
void write_data(uchar date)
{
    lcdrs=1;
    //delay(5);
    //lcdrw=0;
    P0=date;
//delay(5);
    lcden=1;
    delay(20);
    lcden=0;
}
/************* 显示函数 *******************/
void display(uint illusion)
{
        qian=illusion/1000;
        bai=illusion%1000/100;
        shi=illusion%100/10;
        ge=illusion%10;                                   //速度范围为 0 至 9999.
        for(num1=0;num1<20;num1++)                        //显示前面一段字符
            {
                write_data(table[num1]);
                delay(20);
            };
        write_com(0x80+0x41);                             //显示光照强度
            write_data(0x30+qian);
        write_com(0x80+0x42);
            write_data(0x30+bai);
        write_com(0x80+0x43);
            write_data(0x30+shi);
        write_com(0x80+0x44);
            write_data(0x30+ge);
          write_com(0x80+0x47);
```

```
        for(num1=0;num1<2;num1++ )
         {
            write_data(table1[num1]);
            delay(20);
         }
        write_com(0x80);
    }
```

知识拓展

1. 太阳能电池的制作过程

太阳能电池的制作过程如图 3-17 所示。

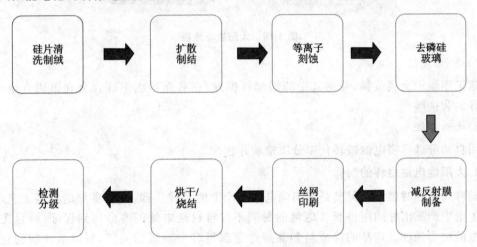

图 3-17   太阳能电池的制作过程

1）硅片清洗制绒

该工序的主要目的是表面处理,清除表面油污和金属杂质,去除硅片表面的切割损坏层,在硅片表面制成绒面,形成减反射组织,降低表面反射率。

2）扩散、制结

硅片的单/双面液态源磷扩散,制作 N 型发射极区,以形成光电转换的基本结构——PN 结。

3）等离子刻蚀

去除扩散后硅片周边形成的短路环。

4）去磷硅玻璃

去除硅片表面氧化层及扩散时形成的磷硅玻璃（磷硅玻璃指掺有 P_2O_5 的 SiO_2 层）。

5）减反射膜制备

该工序目的是利用等离子体增强化学气相淀积法（PECVD）镀减反射膜和钝化减反射膜。

6）丝网印刷

该工序是利用丝网印刷的方法完成背场、背电极、正栅线电极的制作，以便引出产生的光电流，如图 3-18 所示。

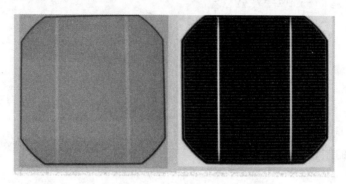

图 3-18　太阳能电池板

7）烘干/烧结

该工序烘干金属浆料，并将其中的添加料挥发，在背面形成铝硅合金和银铝合金，以制作良好的背接触。

8）检测分级

用自动分选机将电池按转化率分级检验并包装。

2. 太阳能电池组件的制作

组件线又称封装线。封装是太阳能电池生产中的关键步骤，没有良好的封装工艺，再好的电池也生产不出好的组件板。电池的封装不仅可以使电池的寿命得到保证，而且还增强了电池的抗击强度。产品的高质量和高寿命是赢得客户满意的关键，所以组件板的封装质量非常重要。

生产流程如下：

电池检测（分片）—正面焊接—检验—背面串接—检验—叠层（玻璃清洗、材料（TPT、EVA）检验、玻璃预处理、敷设）—中道检验（过程检验）—组件层压（去毛边）—装边框（涂胶、装角键、冲孔、装框、擦洗余胶）—焊接接线盒—组件清洗—组件测试—成品检验—包装入库。

1）电池检验

由于电池片制作条件的随机性，生产出来的电池性能不尽相同，故为了有效地将性能一致或相近的电池组合在一起，应根据其性能参数进行分类，电池测试即通过测试电池输出参数（电流和电压）的大小对其进行分类，以提高电池的利用率，做出质量合格的电池组件。

2）正面焊接

将汇流带（互连条）焊接到电池正面的主栅线上。汇流带为镀锡的铜带，所使用的焊接机可以将焊带以多点的形式点焊在主栅线上。焊接用的热源为一个红外灯（利用红外线的热效应），焊带的长度约为电池边长的 2 倍。多出的焊带在背面焊接时与后面的电池片的背面电极相连。

3）背面串接

背面串接是将 72 片电池片串联焊接在一起形成一个组件串，目前采用的工艺是手动的，电池的定位主要靠一个模具板,上面有 72 个放置电池片的凹槽,槽的大小和电池的大小相对应,槽的位置已经设计好,不同规格的组件使用不同的模板,操作者使用电烙铁和焊锡丝将"前面电池"的正面电极焊接到"后面电池"的背面电极上,这样依次将 72 片串接在一起并在组件串的正负极焊接出引线。

4)叠层

背面串接好且经过检验合格后,将组件串、钢化玻璃和切割好的 EVA、背板(TPT)按照一定的层次敷设好,准备层压。事先在玻璃上涂一层试剂(primer)以增加玻璃和 EVA 的粘接强度。敷设时保证电池串与玻璃等材料的相对位置,调整好电池间的距离,为层压打好基础(敷设层次(由下向上):玻璃、EVA、电池、EVA、背板 TPT)。

5)中道检验(过程检验)

层压前检验人员负责对层叠好后待压组件进行 100% 目检。检验范围在观察架区域。要求在观察架上无组件检验时可在层叠区域观察层叠员是否按标准操作(存在过程检验),发现问题时,在"中检工序检查记录表"上清楚记录。如有异常问题,及时反馈,并使相关人员进行返工处理,以保质保量地完成生产任务(检验)。

6)组件层压

将敷设好的电池放入层压机内,通过抽真空将组件内的空气抽出,然后加热使 EVA 熔化,将电池、玻璃和背板粘接在一起,最后冷却取出组件。层压工艺是组件生产的关键一步,层压温度、层压时间根据 EVA 的性质决定。我们使用快速固化 EVA 时,层压循环时间约为 22 min,固化温度为 145 ℃ 左右,层压时 EVA 熔化后由于压力而向外延伸固化形成毛边,所以层压完毕后应将其切除。

7)装边框

这类似于给玻璃装一个镜框。给玻璃组件装铝框,增加组件的强度,进一步密封电池组件,延长电池的使用寿命。边框和玻璃组件的缝隙用硅酮树脂填充。

8)焊接接线盒

在组件背面引线处焊接一个盒子,以利于电池与其他设备或电池间的连接。焊接面积大于总面积的 80%,接线盒用 1521(A、B)硅胶按一定比例填充。

9)组件清洗

好的产品不仅有好的质量和好的性能,而且要有好的外观,所以此工序保证组件清洁度,铝边框边上的毛刺要去掉,确保组件在使用时减少对人体的损伤。

10)组件测试

测试的目的是对电池的输出功率等参数进行标定,测试其输出特性,确定组件的质量等级。

11)成品检验

为了使组件产品质量满足相关要求,使组件的最终检验操作过程规范化,主要对组件成品进行全面检验,包括型号、类别、清洁度、各种电性能的参数的确认,以及对组件优劣等级的判定和区分。

12)包装入库

对产品信息进行记录和归纳,便于使用及今后查找和数据调用。

思考与练习

1.简述光电池的结构和工作原理。

2.简述光电池的分类。

3.完成简易照度计的制作。

4.简述光电池的制作过程。

5.用直径为 40 mm 的单晶硅太阳电池(效率为 8.5%)设计一工作电压为 1.5 V,峰值功率为 1.2 W 的组件为电池组充电。已知单晶硅电池的工作电压 $U=0.41$ V,单位面积上产生的功率值为 $P_m=100$ mW/cm^2,问应如何组成该太阳能电池组件?

项目 4

光电二极管组成的光驱动直流电动机电路

项目名称:光电二极管组成的光驱动直流电动机电路。

项目分析:分析光电二极管组成的光驱动直流电动机电路的原理,掌握光电二极管的工作原理,学习光电二极管的选取规则,并能比较光电三极管与光电二极管的特性和应用,完成光电二极管及光电三极管驱动电路的其他方法。

相关知识:光电二极管、光电三极管的工作原理、基本结构、特性参数等,特殊光电二极管的工作原理及特点,光电二极管、光电三极管的应用电路。

任务 1　光驱动直流电动机电路的组成与原理分析

1. 电路原理图

图 4-1 所示的为光电二极管组成的光驱动直流电动机电路图。

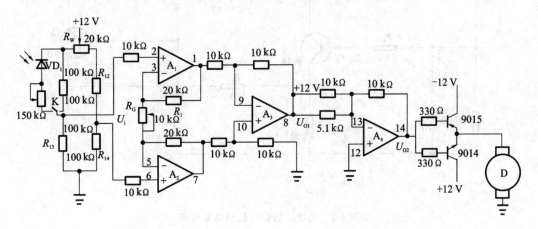

图 4-1　光电二极管组成的光驱动直流电动机电路图

2. 电路分析

由开关 K 控制一组平衡电桥。当开关拨向左侧时，光电二极管及下方 150 kΩ 的滑动变阻器组成一路变化电阻，光电二极管的反向电阻随外界光照变化而变化。光照强时反向电阻较小，光照弱时反向电阻大，故经开关 K 输入运算放大器 A_1 的电压值是变化的。当开关 K 拨向右侧时，由 100 kΩ 的固定电阻组成电桥，输出一个固定电压至运算放大器 A_1。运算放大器 A_1 和 A_2 将电桥输出的两个电位进行放大，输入减法器 A_3，A_3 输出的信号再经过 A_4 放大到 U_{O2}。由于电桥的平衡与否可控制输出的 U_{O2} 为高电平或者低电平，则可控制通过电动机的电流是通过 NPN 型三极管 9014 放大还是通过 PNP 型三极管 9015 放大。最终就可以控制电动机的正转和反转。该电路利用光电二极管受到光照后反向电阻变化的原理，来控制电桥输出的电流，再经过多级放大和电压比较来控制电动机的正转或者反转。

任务 2　光电二极管控制继电器电路的组成与原理分析

1. 电路原理图

图 4-2 所示的为光电二极管控制继电器电路图。

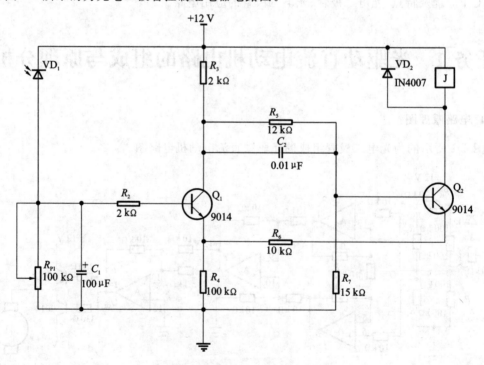

图 4-2　光电二极管控制继电器电路

2. 电路分析

电路中的三极管 Q_1、Q_2 组成发射极耦合触发器。当光电二极管 VD_1 有光照时，其反向电阻较小,则此时 Q_1 的基极电位较高,电路处在 Q_1 导通、Q_2 截止的状态;当光电二极管 VD_1 无光照时,其反向电阻较大,则此时 Q_1 的基极电位较低,电路转变成 Q_1 截止、Q_2 导通的状态,致使继电器 J 吸合,常开触点接通被控制的电路。当光电二极管 VD_1 再次有光照时,电路又转变成 Q_1 导通、Q_2 截止的状态,继电器 J 释放触点,关断被控制的电路。

需要注意的是,在继电器的使用过程中,由于电磁继电器的触点在断开时会产生电火花,因此在使用和更换时要注意其线圈的额定电压、电流和触点负荷应满足电路的要求。通常,电磁继电器实际使用时,在其线圈两端采用附加保护电路,确保其能可靠动作。

另外,电路中采用了反向并联二极管保护电路。这是因为当线圈两端的电源断开时,继电器线圈中的电流突变,导致继电器两端的感应电动势很高。此感应电动势将与原电源电压叠加,并加在输出三极管的 C、E 之间,可能使其 CE 结被击穿而损坏晶体管。为了保护三极管,在继电器旁反向并联一只二极管(二极管的极性不能接错),当线圈两端断电时,线圈中的感应电动势所产生的电流经二极管 VD_2 漏流,起到保护作用。

有极性的电容在电源、中频、低频等电路中,起电源滤波、退耦、信号耦合及时间常数设定、隔值等作用,一般不能用于交流电源电路中。有极性的电容在直流电源电路中作滤波电容时,其阳极应与电源电压的正极端相连接,阴极与电源电压的负极端相连接,不能接反,否则会损坏电容器。

任务 3 光电二极管的工作原理与检测方法

光电二极管和光电池一样,都是基于 PN 结的光伏效应而工作的。光电二极管通常在反偏置条件下工作,也可用在零偏置状态。制作光电二极管的材料很多,有硅、锗、砷化镓、碲化铅等,目前在可见光区应用最多的是硅光电二极管。

1. 光电二极管的结构

光电二极管也称光敏二极管,与普通二极管在结构上类似,其管芯是一个具有光电特征的 PN 结,具有单向导电性,因此工作时需加上反向偏置电压。为了获得尽可能大的光生电流,光电二极管 PN 结的面积比普通二极管的要大很多,且 PN 结的深度较普通二极管的浅,受光面上的电极较小。为了保证光电二极管的稳定、减小暗电流和防止光线的反射,在表面上还必须用二氧化硅作保护,如图 4-3 所示。

2. 光电二极管的工作原理

光电二极管通常使用在反偏的光电导工作模式。当光电二极管无光照时,若给 PN 结加一个适当的反向电压,则反向电压加强了内建电场,使 PN 结空间电荷区拉宽,势垒增大。

当光电二极管被光照时,在结区产生的光生载流子将被加强了的内建电场拉开,光生电子被拉向 N 区,光生空穴被拉向 P 区,于是形成以少数载流子漂移运动为主的光电流。显然,此时光电流比无光照时的反向饱和电流大得多。如果光照越强,则在同样条件下产生的光生载流子越多,光电流就越大。

当光电二极管与负载电阻 R_L 串联时,则在 R_L 的两端便可得到随光照度变化的电压信号,从而完成了将光信号转变成电信号的转换,如图 4-3 所示。

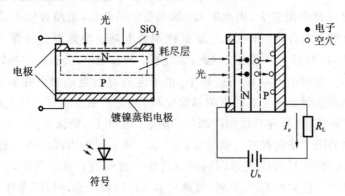

图 4-3 光电二极管原理图及符号

3. 光电二极管的分类

光电二极管的种类很多:就材料来分,有硅、锗、砷化镓、碲化铅等制作的光电二极管;从结构来分,有 PN 结型、PIN 结型、异质结型、肖特基势垒型及点接触型等;从对光的响应来分,有用于紫外、可见及红外等种类。

不同的光电二极管具有不同的电特性和探测性能。例如,锗光电二极管与硅光电二极管相比,它在红外光区域有更大的灵敏度,这是由于锗材料的禁带宽度较硅的小,其本征吸收限处于红外。在近红外应用中,锗光电二极管有较大的电流输出,但它比硅光电二极管有更大的反向暗电流,因此噪声更大。

在可见光区应用最多的硅光电二极管,根据其衬底材料的不同,可分为 2CU 型和 2DU 型两种系列。2CU 系列以 N-Si 为衬底,2DU 系列以 P-Si 为衬底。2CU 系列光电二极管只有两个引出线;2DU 系列光电二极管有三个引出线,除了前极、后极外,还有一个环极。加环极的目的是减少暗电流和噪声,使用时应使环极电位高于前极。

4. 光电二极管的检测方法

在使用光电二极管将其接入电路之前,需对其进行检测,判断其性能好坏,根据光电二极管的工作原理,主要采用以下三种方法。

1)电阻测量法

使用万用表,并选择量程为 1 kΩ 的欧姆挡。普通光电二极管的正向电阻约 10 kΩ,在无光照情况下的反向电阻为 ∞。在无光照情况下,用万用表测量被测光电二极管的正向电阻和反向电阻,如果阻值大小符合,则可判断该光电二极管是好的。若有时测到的反向电阻可能不等于∞,但阻值很大,接近∞,则说明该光电二极管漏电流较大。

在有光照情况下,用万用表测量被测光电二极管的正向电阻和反向电阻,若反向电阻随光照强度增加而减小,阻值可达到几千欧或 1kΩ 以下,则可判断该光电二极管是好的;若反向电阻始终都是∞或为零,则可判断该光电二极管是坏的。

2)电压测量法

使用万用表,并选择量程为 1 V 的直流电压挡。然后用红表笔接被测光电二极管"＋"极,黑表笔接"－"极。在有光照情况下,光电二极管两端的电压数值与光照强度呈比例变化关系,一般可达 0.2~0.4 V。若被测光电二极管两端的电压数值大小跟随光照强度强弱的变化明显,则可判断该光电二极管是好的;若电压数值大小基本无变化,则可判断该光电二极管是坏的。

注意在选用电压表的直流电压挡位测量判断光电二极管好坏时,量程选择非常重要,一定不要选择高于 1 V 的挡位。因为万用表的直流电压挡位需要连接万用表内部的电池才能工作,若测量挡位选择不当,容易将被测光电二极管反向击穿损坏。

3) 短路电流测量法

使用万用表,并选择量程为 50 μA 的电流挡。然后用红表笔接被测光电二极管"+"极,黑表笔接"−"极。在有光照情况下,光电二极管两端的电流数值与光照强度呈正向变化关系。测量时选择白炽灯作为照明光源,若被测光电二极管两端的电流数值大小跟随光照强度强弱的变化明显,则可判断该光电二极管是好的;若电压数值大小基本无变化,则可判断该光电二极管是坏的。通常,光电二极管的短路电流可达数十至数百微安。

在测量中选择白炽灯作为照明光源而不选择日光灯,是因为白炽灯的发光谱线范围较窄,避免光电二极管的光谱响应特性对电流数值随光照强度正比变化的影响,使测量判断更准确。

另外,在实际工作中,有时需要分辨是发光二极管,还是光电二极管(或者是光电三极管)。分辨方法有以下几种。

(1)目测观察法。

若二极管或三极管都是透明树脂封装的,则可以用眼睛观察管芯部分的结构来分辨。因为发光二极管的管芯下有一个浅盘结构,而光电二极管和光电三极管没有,通过目测完全能够分辨。

(2)仪表测量法。

若二极管或三极管尺寸过小或是黑色树脂封装的,用目测观察法已很难分辨,则可以通过万用表测量其正反向电阻的阻值来分辨。选择万用表的量程为 1 kΩ 的欧姆挡,用手或遮光帽使被测二极管或三极管不受光照。若此时正向电阻的阻值为 20~40 kΩ,而反向电阻的阻值大于 200 kΩ,说明是红外发光二极管;若此时正反向电阻的阻值都接近∞,说明是光电三极管;若此时正向电阻的阻值在 10 kΩ 左右,而反向电阻的阻值接近∞,说明是光电二极管。

5. 光电二极管与光敏电阻的比较

光电二极管和光敏电阻在很多应用中的功能比较相似,不同的有以下几点。

(1)光电二极管与光敏电阻相比,光电二极管具有更宽的光谱响应。

(2)光电二极管是 PN 结的结构,由于结构上的不同,使得它具有更短的响应时间,通常情况下比光敏电阻快三个数量级。并且特殊处理过的光电二极管,如 PIN 结光电二极管和雪崩式光电二极管,响应时间极短,已经广泛应用于光通信和光信号检测当中。

(3)当所加的电源电压大于 9 V 后,光电二极管伏安特性曲线近似平行于 X 轴(X 轴为电压),也就是说即使增大电源电压,光电二极管的光电流也不会再增加。而光敏电阻的伏安特性是光电流随着电源电压的增大而增大,而且也没有饱和的迹象。当供电出现波动后,输出电压也会出现相应的波动,所以光敏电阻的精度得不到保证。

(4)虽然光电二极管相比光敏电阻有许多优点,但是光电二极管是基于 PN 结的结构,从而使得它的光电流受到温度的影响较大。

6. 光电二极管与光电池的比较

光电二极管的结构和工作原理与光电池相似,不同的有以下几点。

(1)就制作衬底材料的掺杂浓度而言,光电池的较高,为 $10^{16} \sim 10^{19}$ 个/cm³,而光电二极管的掺杂浓度为 $10^{12} \sim 10^{13}$ 个/cm³。

(2)光电池的电阻率低,为 $0.01 \sim 0.1$ Ω/cm,而光电二极管的为 1000 Ω/cm。

(3)光电池在零偏置下工作,而光电二极管通常在反向偏置下工作。

(4)一般说来,光电池的光敏面面积都比光电二极管的光敏面面积大得多,因此光电二极管的光电流小得多,通常在微安级。

7. 光电二极管与集成运算放大器的连接

集成运算放大器因结构简单、使用方便而广泛应用于光电变换器件中。光电二极管与运算放大电路的连接方式有三种方式。

1)电流放大型电路

如图 4-4 所示,运算放大器两输入端间的输入阻抗 Z_{in} 是硅光电二极管的负载电阻。当运放的放大倍数和反馈电阻较大时,可以认为硅光电二极管是处于短路工作状态,能输出理想的短路电流,这时运算放大器输出为 $U_O = I_{SC} R_f$。

电流放大器输入阻抗低,响应速度快,噪声低,信噪比高,广泛用于弱光信号的变换中。

2)电压放大型电路

如图 4-5 所示,硅光电二极管与负载电阻 R_L 并联且硅光电二极管的正端接在运算放大器的正端;放大器的漏电流比光电流小得多,具有很高的输入阻抗。

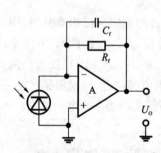

图 4-4　电流放大型电路

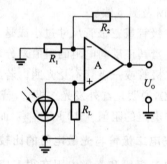

图 4-5　电压放大型电路

当负载电阻大于 1MΩ 时,运行于硅光电池下的光电二极管处于开路状态,可以得到与开路电压成正比的输出信号:

$$U_O = AU_{OC}$$
$$A = (R_1 + R_2)/R_1$$
$$U_{OC} = AkT\ln(S_E E/I_O)/q$$

3)阻抗变换型电路

如图 4-6 所示,反向偏置的硅光电二极管具有恒流源性质,内阻很大,饱和光电流与输入光照度成正比,在高负载电阻时可得到高的输出信号。但是,如果把这种反偏的二极管直接接到负载上,会因为负载失配而削弱信号的幅度。因此,需要有阻抗变换器将阻抗的电流源变换为低阻抗的电压源,然后再与负载连接。

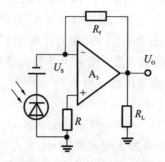

图4-6 阻抗变换型电路

$$U_O = -IR_f \approx -I_P R_f$$

任务4 光电三极管的工作原理及检测方法

光电三极管和普通三极管相似,也具有电流放大作用,只是它的集电极电流不只是受基极电路的电流控制,还受光的控制。所以光电三极管的外形有光窗,管脚有三根引线的,也有两根引线的,管型分为 PNP 型和 NPN 型两种,NPN 型称为 3DU 型光电三极管,PNP 型称为 3CU 型光电三极管。下面以 NPN(3DU)型光电三极管为例,说明光电三极管的结构和工作原理。

1. 光电三极管的结构

NPN(3DU)型光电三极管的结构如图 4-7 所示,以 N 型硅片作衬底,扩散硼而形成 P 型层,再扩散磷而形成重掺杂的 N 层。在 N 层的侧面开窗,引出一个电极,称作集电极 c;由中间的 P 型层引出一个基极 b,也可以不引出来;而在 N 型硅片的衬底上引出一个发射极 e。这就构成了一个 NPN 型光电三极管。

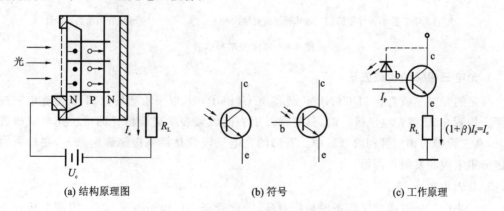

(a) 结构原理图   (b) 符号   (c) 工作原理

图4-7 NPN型光电三极管原理结构图及符号

2. 光电三极管的工作原理

光电三极管工作时要保证集电极是反向偏置,发射极是正向偏置。由于集电极是反向偏置,故在结区内有很强的内建电场。对 NPN 型硅光电三极管来说,内建电场的方向是由 c 到 b。如果有光照到基极集电极结上,在内建电场的作用下,光激发产生的光生载流子中的电子流向集电极,空穴流向基极,相当于外界向基极注入一个控制电流 $I_b = I_P$,因为此时发射极是正向偏置,和普通三极管一样有放大作用。当基极没有引线时,此时集电极电流为

$$I_c = \beta I_b = \beta I_P = \beta E S_E \tag{4-1}$$

式中:β 为三极管的电流增益系数;E 为入射光照度;S_E 为光电灵敏度。

由此可见,光电三极管的光电转换部分是在集电极结区内进行,而集电极、基极和发射极又构成一个有放大作用的三极管,所以在原理上完全可以把它看成是一个由光电二极管与普通三极管结合而成的组合器件,如图 4-7(c)所示。

PNP 型光电三极管在原理上和 NPN 型光电三极管相同,只是它的基底材料是 P 型硅片,工作时集电极加负电压,发射极加正电压。

为了改善频率响应,减小体积,提高增益,已研制出集成光电晶体管。它是在同一块硅片上制作一个光电二极管和三极管,如图 4-8 所示。图 4-8(a)表示光电二极管-晶体管和达林顿三极管集成电路示意图。如图 4-8(b)所示,按达林顿接法接成的复合管装于一个壳体内,这种管子的电流增益可达到几百。

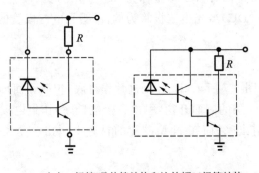 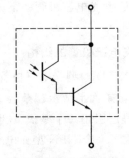

(a) 光电二极管-晶体管结构和达林顿三极管结构   (b) 达林顿光电三极管

图 4-8　集成光电晶体管

3. 光电三极管的检测方法

常见的光电三极管有 3DU(NPN)型和 3CU(PNP)型,以下检测均以 3DU 型光电三极管为例。检测 3CU 型光电三极管时,只需将万用表的红黑表笔交换位置即可。光电三极管封装时,有三管脚的和二管脚的。其中二管脚的光电三极管是将基极隐藏起来了,在检测时只用区分集电极和发射极即可。

1)目测内部法

由于光电三极管通常采用透明树脂封装,因此管壳内的电极清晰可见:内部电极较宽较大的一个为集电极,而较窄且小的一个为发射极。

2）测量法

（1）若用指针型万用表 $R \times 1 \ \mathrm{k\Omega}$ 挡检测光电三极管时，黑表笔接集电极，红表笔接发射极，无光照时指针应接近∞，随着光照的增强，电阻会逐渐变小，光线较强时，阻值可降到 $10 \ \mathrm{k\Omega}$ 以下。再将表笔对调，则无论有无光照，指针均接近∞。

（2）若用数字式万用表，可将挡位置于 $R \times 20 \ \mathrm{k\Omega}$（或自动挡），红表笔接集电极，黑表笔接发射极，有光照时屏幕显示的压降值应在 $10 \ \mathrm{k\Omega}$ 以下，无光照时屏幕显示的数字应为溢出符号"OL"或"1"。

3）观测法

金属壳封装时，金属下面有一个凸块，与凸块最近的那只管脚为发射极 e。如果该管仅有两只脚，则剩下的那只管脚即为光电三极管的集电极 c；若该管有三只管脚，那么与 e 脚最近的是基极 b，离 e 脚远者则是集电极 c。

对环氧平头式、微型光电三极管的两只管脚长度不一样，一般长脚为发射极 e，短脚为集电极 c。

4. 光电三极管的常用电路

光电三极管在电路中的作用实际上与光电二极管的相似，只不过光电三极管是在光电二极管的基础上将电流进行了一次放大，因此在使用时的控制电路也与光电二极管使用方法相同。

图 4-9 中光电三极管的集电极与电源之间接了一个继电器，通过光电三极管接收光照之后集电极通过的电流来控制继电器的开关。如果电流不够大，可以用图 4-10 所示电路将光电三极管与三极管 3DG110B 级联来控制继电器。光电三极管的应用方法与光电二极管的相似，可以与其他的放大器件如三极管、运算放大器相连接。

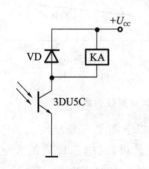　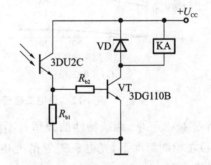

图 4-9　光电三极管简单控制电路　　　　图 4-10　光电三极管与放大电路级联

任务 5　光电三极管与光电二极管的特性比较

1. 光照特性集电极

光照特性是指光电二极管和光电三极管的光电流与照度之间的关系，如图 4-11 所示，分别是光电二极管和光电三极管的光照特性曲线。由此可以看出硅光电二极管的光照特性线性较好,而硅光电三极管的光电流在弱光照时有弯曲,强光照时又趋向于饱和,只有在某一段光照范围内线性较好,这是由于硅光电三极管的电流放大倍数在小电流或大电流时都会下降而造成的。

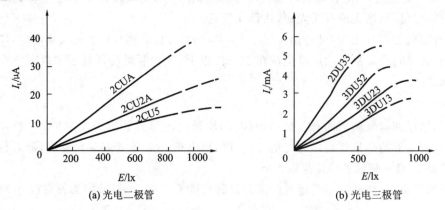

(a) 光电二极管　　　　　　　　(b) 光电三极管

图 4-11　光电二极管和光电三极管的光照特性曲线

2. 伏安特性

伏安特性表示为当入射光的照度(或光通量)一定时,光电二极管和光电三极管输出的光电流与偏压的关系,如图 4-12 所示,分别是光电二极管和光电三极管的伏安特性曲线。

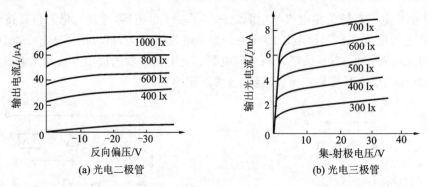

(a) 光电二极管　　　　　　　　(b) 光电三极管

图 4-12　光电二极管和光电三极管的伏安特性曲线

由图 4-12 可见,两条特性曲线稍有不同,主要表现为以下四个方面:

(1)在相同照度下,光电三极管的光电流一般在毫安量级,光电二极管的光电流一般在微安量级。

(2)在零偏压时,光电三极管没有光电流输出,而光电二极管仍然有光电流输出。这是因为光电二极管具有光生伏特效应,而光电三极管集电极虽然也能产生光生伏特效应,但因集电极无偏置电压,没有电流放大作用,这微小的电流在毫安级的坐标中表示不出来。

(3)当工作电压较低时,输出的光电流有非线性,但光电三极管的非线性较严重。这是因为光电三极管的 β 与工作电压有关。为了得到较好的线性,要求工作电压尽可能高些。

(4)在一定的偏压下,光电三极管的伏安特性曲线在低照度的间隔较均匀,在高照度的曲线越来越密,虽然光电二极管也有,但光电三极管严重得多。这是因为光电三极管的 β 是非线性的。

3. 温度特性

　　光电二极管和光电三极管的光电流和暗电流都随温度变化而变化,但光电三极管因有电流放大作用,所以光电三极管的光电流和暗电流受温度影响比光电二极管大得多,如图 4-13 所示。由于暗电流的增加,输出信噪比变差,必要时要采取恒温或补偿措施。

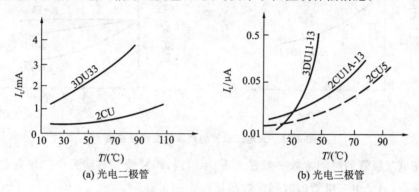

图 4-13　光电二极管和光电三极管的温度特性曲线

4. 频率响应特性

　　光电二极管的频率特性主要取决于光生载流子的渡越时间。光生载流子的渡越时间包括光生载流子向结区扩散和在结电场中漂移的时间。这时,决定光电二极管的频率响应上限的因素是结电容 C_j 和负载电阻 R_L。要改善光电二极管的频率响应,就应减小时间常数 $R_L C_j$,也就是分别减小 R_L 和 C_j 的数值。在实际使用时,应根据频率响应要求选择最佳的负载电阻。

　　图 4-14 所示的为用脉冲光源测出的 PNP 型光电二极管的响应时间与负载 R_L 大小的关系曲线,从图中可以看出当负载超过 10^4 Ω 以后,响应时间增加得更快。

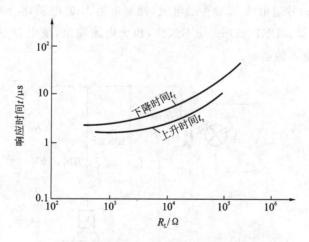

图 4-14　PNP 型光电二极管的响应时间-负载曲线

　　光电三极管的频率响应也可用上升时间 t_r 和下降时间 t_f 来表示,图 4-15 表示了上升时间 t_r 和下降时间 t_f 与放大后电流 I_c 的关系曲线。光电三极管的频率响应还受基区渡越时间和发射结电容的限制,使用时也要根据响应速度和输出幅值来选择负载电阻 R_L。

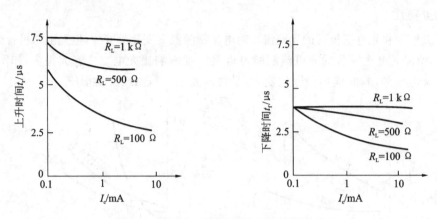

图 4-15　光电三极管的频率响应特性曲线

普通光电二极管的时间常数一般在 0.1 μs 以内,PIN 管和雪崩光电二极管的时间常数在纳秒数量级,而光电三极管的时间常数却长达 5~10 μs。

任务 6　光电二极管与光电三极管的其他应用电路

1. 光电三极管多级放大控制电路

如图 4-16 所示,光敏三极管 3DU5 的暗电阻大于 1 MΩ,光电阻约为 2 kΩ。开关管 3DK7 和 3DK9 共同作为光敏三极管 3DU5 的负载。当 3DU5 上有光照射时,它被导通,而开关管 3DK7 的基极上产生信号,使 3DK7 处于工作状态;3DK7 给 3DK9 基极加上信号,使 3DK9 进入工作状态,并输出约 25 mA 的电流,使继电器 K 通电工作。当光电三极管 3DU5 上无光照时,电路断开,3DK7、3DK9 均不工作,也无电流输出,继电器不动作。可用光电三极管 3DU5 控制继电器的通断。

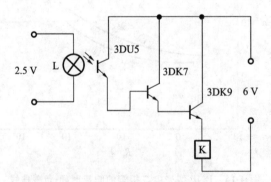

图 4-16　光电三极管多级放大电路

2. 光电三极管与 555 芯片级联的控制电路

光电三极管与 555 芯片级联的控制电路如图 4-17 所示,光电三极管与三极管级联作为光电触发的开关,输入 555 芯片的 2、6 脚,555 芯片根据触发信号输出至 3 脚控制继电器。该电路可完成一组光电触发型开关的功能。

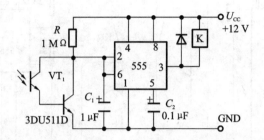

图 4-17　光电三极管与 555 芯片组成的脉冲控制电路

3. 光电三极管探测烟雾报警电路

如图 4-18 所示电路,发光管与光电三极管之间通过烟雾颗粒时,会阻挡光电三极管上接收到的光照,因此光电三极管的电流会发生变化。继而控制电路后面的音响芯片发出报警声音。

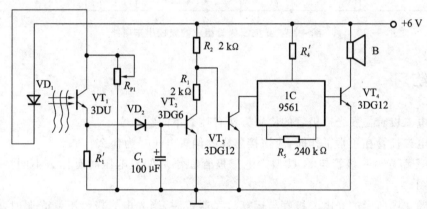

图 4-18　光电三极管组成的烟雾报警电路

4. 光控小车电路

如图 4-19 所示,电路中使用光电三极管 VT_1 和 VT_2 作为探头,来检测小车底部的黑线。当玩具车正好处于黑色导向线区内时,因 VT_1、VT_2 接收的光很弱,仅有很小的暗电流,输出 1、5 脚和 9、13 脚均呈高电位,继电器 K_1、K_2 均不动作,3 V 电压经常闭触点 K_{1-1} 和 K_{2-1} 将驱动左、右车轮的小电动机 M_1、M_2 通电,同时运转,带动车轮旋转,小车便沿黑线条直线前进。

当玩具车偏离黑色导向线时,VT_1 或 VT_2 中的一个受到光照强而呈低阻状态,使左半或右半触发器一个置位、一个复位,导致继电器中的一个不动,而另一个吸合。因此,只能驱动两个电动机中的一个运转。这样一来就使小车转弯,并将小车引导至黑色导向线上行驶。而当小车完全偏离黑色轨道,即 VT_1、VT_2 均接受强光照时,两个触发器均呈复位状态,K_1、K_2 均通电吸合,将各自的常闭触点断开,小电动机 M_1、M_2 均断电停止运转,玩具车处于停车状态。

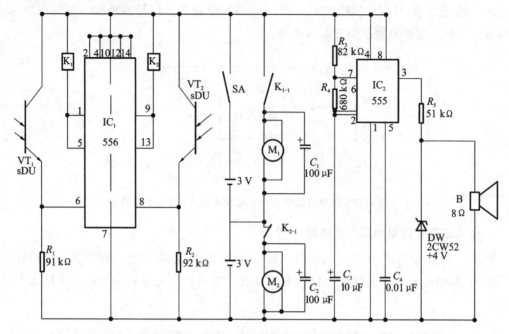

图 4-19　光电三极管组成的光控小车电路

思考与练习

1.光电二极管与发光二极管的检测方法有什么不同?

2.光电二极管在正常工作时,应该接怎样的偏置电压? 为什么?

3.3DU 型光电三极管与 3CU 型光电三极管在添加偏置电压时有什么不同? 请画出其电路示意图。

4.如题 4 图所示的光电二极管与运算放大器级联,当光电二极管不受光照时,输出电压 U_O 为 0.6 V。当 $E = 100$ lx 时,输出电压 U_O 为 2.4 V。求:

(1)光电二极管的暗电流为多少?

(2)光电二极管的电流灵敏度为多少?

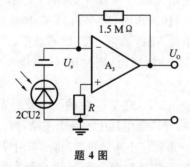

题 4 图

5.试比较光电二极管与光电三极管的光电转换过程及特性参数。

6.选取制作一个实际电路,完成光电二极管或者光电三极管控制电路的功能。

项目 5

一维 PSD 测量入射光点位置电路

项目名称：一维 PSD 测量入射光点位置电路。

项目分析：完成一维 PSD 测量入射光点位置电路，了解 PSD 的使用方法、电路的组成原理、各部分的功能。

相关知识：PSD 的工作原理、检测方法。其他特殊结型光电器件组成的工作原理以及应用电路。

任务 1　一维 PSD 测量入射光点位置电路

图 5-1 所示的为一维 PSD 测量入射光点位置的输出电路图。电路中主要用到了 LF412 这一集成运放，组成各种功能电路对 PSD 的输出进行处理。PSD 有三个接线端，一个接线端连接电源 12 V，另外两个接线端是上下两侧的电流输出端口。分别经过 U_{1A} 和 U_{1B} 两个集成运放，完成 PSD 两路电流输出的 I/U 变换。U_{2A} 连接成一个加法电路，将 PSD 的两路输出进行加法运算，而测试这点的输出可以验证 PSD 两路输出之和是不随光点位置发生变化的。U_{2B} 连接成一个减法电路，将 PSD 的两路输出进行减法运算。U_{3A} 对减法所得进行放大，R_{W1} 调节放大增益。U_{3B} 为调零电路，通过调节 R_{W2} 进行电路调零。根据数据处理结果的需要，还可将 PSD 两路输出之差与两路输出之和输入除法器电路，并将最后的结果通过数模转换，最终得到入射光电在 PSD 上的位置值。

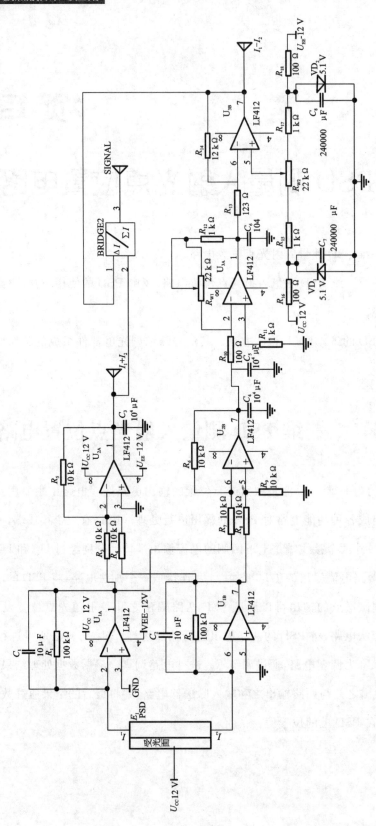

图 5-1 一维 PSD 测量入射光点位置电路图

任务 2　认识 PSD

1. PSD 的结构以及种类

PSD(position sensitive device)是一种光电位置传感器,受光面积较大,其输出信号与光点在光敏面上的位置有关,对入射到光敏面上的光点位置敏感,是一种 PIN 型光电二极管。

PSD 是利用离子注入技术制成的一种可确定光的能量中心位置的结型光电器件,包含有三层,上面为 P 层,下面为 N 层,中间为 I 层,即为 PIN 结构,如图 5-2(a)所示。根据探测信号的不同,PSD 分为一维的和二维的两种,如图 5-2(b)所示。PSD 三层结构全被制作在同一硅片上,P 层既是光敏层,也是一个均匀的电阻层。

PSD 属于 PIN 型光电二极管,又称快速光电二极管。它具有三层结构,在 P 型半导体和 N 型半导体之间夹着较厚的本征半导体 I 层。一般采用高阻 N 型硅片做 I 层,然后把它的两个面抛光,再在两个面分别作 N^+ 和 P^+ 杂质扩散,在两个面制成欧姆接触而得到 PIN 光电二极管。

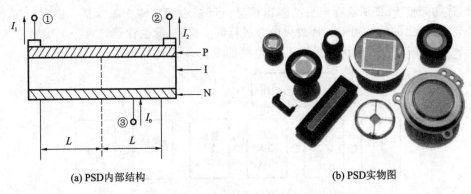

(a) PSD内部结构　　　　　　　　(b) PSD实物图

图 5-2　PSD 的内部结构图以及实物图

PIN 光电二极管因有较厚的 I 层,而具有以下四个方面的优点。

(1)PN 结的结间距离拉大,结电容变小。随着反偏电压的增大,结电容变得更小,从而提高了 PIN 光电二极管的频率响应。目前 PIN 光电二极管的结电容一般为零点几到几个皮法,响应时间 $t_r=1\sim3$ ns,最高达 0.1 ns。

(2)由于内建电场基本上全集中于 I 层中,使耗尽层厚度增加,增大了对光的吸收和光电变换区域,提高了量子效率。

(3)增加了对长波的吸收,提高了长波灵敏度,其响应波长范围可以从 $0.4\sim1.1~\mu m$。

(4)可承受较高的反向偏压,使线性输出范围变宽。

2. PSD 的工作原理

由于 PSD 的三层结构都做在同一块硅片上,且光敏层 P 层是均匀的电阻,当光照射到 PSD 的光敏面上时,在入射表面下相应位置就产生与光强成比例的电荷,此电荷通过 P 层向电极流动形成光电流。由于 P 层的电阻是均匀的,因此由两极输出的电流分别与光点到两电极的距离成反比。如图 5-2(a)所示,设电极①和电极②间的距离为 $2L$,经电极①和电极②

输出的光电流分别为 I_1 和 I_2，则电极③上输出的总电流为 $I_o = I_1 + I_2$。若以 PSD 的中心点为原点建立坐标系或坐标轴，设光点离中心点的距离为 x_A，则有

$$I_1 = I_o \frac{L - x_A}{2L} \tag{5-1}$$

$$I_2 = I_o \frac{L + x_A}{2L} \tag{5-2}$$

$$x_A = \frac{I_2 - I_1}{I_2 + I_1} L \tag{5-3}$$

利用式(5-3)即可确定光斑能量中心对于器件中心（原点）的位置 x_A。

任务 1 中的一维 PSD 测量入射光点位置电路图（见图 5-1）中，利用运算放大器分别连接成的放大器、加法器、减法器，最终将两路信号之差与之和分别输入除法器，即是根据式(5-3)计算光点距离中心点的位置 x_A。当然，如果精确计算数值，在进行最终模数转换时，还应该乘以 PSD 的电极①和电极②间的距离的一半 L。

PSD 的最主要的噪声来源就是背景光和暗电流。消除背景光和暗电流有两种方法，一种是采样-保持法，一种是调制法。所谓采样-保持法就是先检测出信号光源熄灭时的背景光强的大小，将这时的 PSD 输出的信号保持，然后点亮光源，将检测到的输出信号减去背景光的成分，作为当前 PSD 消除噪声后的输出信号。调制法就是将光源以某一固定的频率调制成脉冲光，对输出的信号用锁相环放火电路进行同步检波，滤去背景光成分。采样-保持电路的实现较为简单，图 5-3 给出了采样-保持电路的 PSD 测量电路框图。

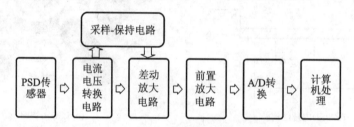

图 5-3　采样-保持电路 PSD 测量电路框图

一维 PSD 的精度比较高，分辨率一般可达到 $0.1 \sim 5\mu m$，作为新型器件，目前已经被广泛应用在位置坐标的精确测量上，如兵器制导和跟踪、工业自动控制或位置变化等技术领域上，还可用于光学位置和角度的测量与控制、远程光学控制系统、位移和振动监测、激光光束校准、自动范围探测系统以及人体运动及分析系统等。但是一维 PSD 的有效光敏面一般较小，常见的一维 PSD 光敏面尺寸有 $1\ mm \times 8\ mm$、$1.3\ mm \times 15\ mm$ 等，响应时间一般可达到 $0.5\ \mu s$，响应波长涵盖可见光、红外光波段。

一维 PSD 在实际使用时，常配以各种光学系统，达到扩大测量范围的目的。如图 5-4 所示的为光学三角法测量位移尺寸的示意图。光源发出的光通过第一块透镜聚焦到待测物体上，部分反射（散射）光由 PSD 前方透镜接收，成像于一维 PSD 上，若两透镜的中心距为 b，PSD 前方透镜距其距离为 f，聚焦在 PSD 表面的光点距 PSD 中心的距离为 x，则根据相似三角形 PAB 和 BCD 可得

$$D/b = f/x \tag{5-4}$$

将式(5-3)计算得到的 x_A 代入式(5-4)中，即可求得物体位移尺寸的变化。对式(5-4)进行微分可得

$$\Delta D = (-D^2/b \cdot f)\Delta x \tag{5-5}$$

式(5-5)说明物体位移尺寸的分辨率与传感器结构尺寸以及被测物体距离有关。

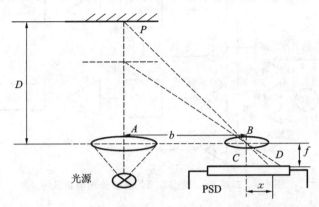

图 5-4　光学三角法构成的位移尺寸测量示意图

3. 二维 PSD

二维 PSD 的感光面是方形的,有一般型和改进型两种。它们都有五个电极,有一个为加反偏电压的公共极,另外四个为 x 方向和 y 方向的电流输出电极。一般型 PSD 暗电流小,但位置输出非线性误差大。改进型 PSD 采用弧形电极,信号从对角线上引出,这样不仅可以减小位置输出的非线性误差,而且暗电流小,加反偏电压容易。

二维 PSD 的电流输出与入射光点位置关系如图 5-5 所示。光敏面的几何中心 O 为坐标原点,当光点入射到 PSD 敏感面上任意位置时,在 x 和 y 方向的四个电极上,各有一个电流信号 I_{x1}、I_{x2}、I_{y1}、I_{y2} 输出。

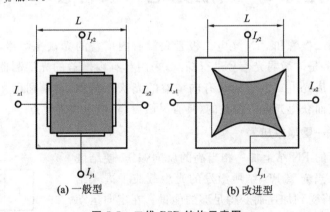

图 5-5　二维 PSD 结构示意图

图 5-5(a)所示的为一般型,在 x 和 y 方向上的二维坐标为

$$x = \frac{L}{2} \times \frac{I_{x1} - I_{x2}}{I_{x1} + I_{x2}}, \quad y = \frac{L}{2} \times \frac{I_{y1} - I_{y2}}{I_{y1} + I_{y2}} \tag{5-6}$$

图 5-5(b)所示的为改进型,在 x 和 y 方向上的二维坐标为

$$x = \frac{L}{2} \times \frac{(I_{x1} + I_{y2}) - (I_{x1} + I_{y2})}{I_{x1} + I_{x2} + I_{y1} + I_{y2}}, \quad y = \frac{L}{2} \times \frac{(I_{x1} + I_{y2}) - (I_{x1} + I_{y1})}{I_{x1} + I_{x2} + I_{y1} + I_{y2}} \tag{5-7}$$

二维 PSD 输出电流的典型处理电路框图如图 5-6 所示。

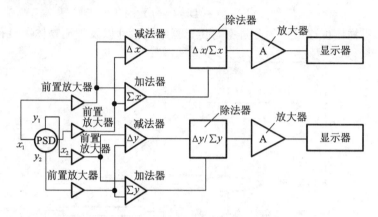

图 5-6　二维 PSD 输出电流的典型处理电路框图

光电位置传感器有以下特点：

①对光斑的形状无严格要求，只与光的能量重心有关；

②光敏面无死区，可连续测量光斑位置，分辨率高，一维 PSD 可达 $0.2~\mu m$；

③可同时检测位置和光强，PSD 器件输出总电流与入射光强有关，所以从总光电流可求得相应的入射光强。

光电位置传感器被广泛地应用于激光束的监控（对准、位移和振动）、平面度检测、一维长度检测、二维位置检测系统等。

任务 3　雪崩光电二极管（APD）

普通的硅光电二极管和 PIN 光电二极管是没有内增益的光伏探测器，而在光探测系统的实际应用中，大多是对微弱光信号进行探测，采用具有内增益的光探测器将有助于对微弱光信号的探测。雪崩光电二极管是具有内增益的光伏探测器，它是利用光生载流子在高电场区内的雪崩效应而获得光电流增益的，具有灵敏度高、响应快等优点。

1. 工作原理——雪崩效应

在光电二极管的 PN 结上加一相当高的反向偏压，使结区产生很强的电场。当光照 PN 结所激发的光生载流子进入结区时，在强电场中将受到加速而获得足够的能量。在定向运动中与晶格原子发生碰撞，使晶格原子发生电离，产生新的电子-空穴对。新产生的电子-空穴对在强电场作用下分别沿相反方向运动，又获得足够能量，再次与晶格原子碰撞，产生出新的电子-空穴对。这种过程不断重复，使 PN 结内电流急剧倍增放大，这种现象称为雪崩效应，如图 5-7 所示。雪崩光电二极管就是利用这种效应产生光电流放大作用的。

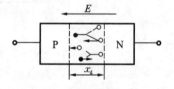

图 5-7　雪崩效应

雪崩光电二极管的反向工作偏压通常略低于 PN 结的击穿电压。无光照时，PN 结不会发生雪崩效应，只有当外界有光照时，激发出的光生载流子才能引起雪崩效应。若反向偏压超过器件的击穿电压,则器件将无法工作,甚至被击穿烧毁。

2. 雪崩光电二极管的结构

图 5-8(a)所示的是一个典型雪崩光电二极管结构示意图,P 为外界入射光子。其中以 P 型硅作基片,扩散杂质浓度大的 N^+ 层,在结边缘做成被称为"保护环"的深扩散区,其作用是增加高阻区宽度,减小表面漏电,避免边缘出现局部击穿。图 5-8(b)所示的为 PIN 型雪崩二极管结构示意图。由图可以看出,其结构基本上类似于项目 4 所介绍的光电二极管,但工作原理是不同的。为了实现雪崩过程,基片杂质浓度高(电阻率低),容易产生碰撞电离。另外,基片厚度比较薄,保证有高的电场强度,以便于电子获得足够能量产生雪崩效应。

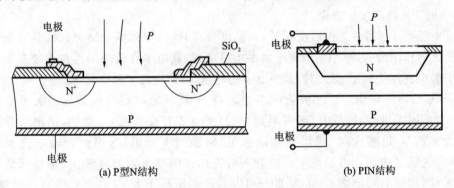

(a) P型N结构   (b) PIN结构

图 5-8   雪崩光电二极管结构示意图

雪崩光电二极管通常除了用硅或锗材料外,也可用Ⅲ~Ⅴ族化合物半导体制作。例如,图 5-9 所示的为 InGaAsP/InP-APD 结构,是一种雪崩区分离型平面结构,采用液相外延法在 N^+-InP 上生长厚度为 2 μm 的 N-In$_{0.77}$Ga$_{0.23}$As$_{0.51}$P$_{0.49}$ 层,以及厚度约为 4 μm 的 N-InP 层,从而形成双异质结的 APD 光电二极管。

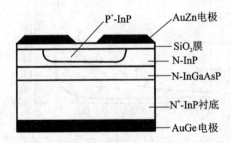

图 5-9   InGaAsP/InP-APD 结构示意图

3. 雪崩光电二极管的特性参数

雪崩光电二极管除了增益特性和噪声特性外,其他特性与反偏压下工作的光电二极管的基本相似。

1)倍增系数(雪崩增益)M

雪崩光电二极管的电流增益用倍增系数或雪崩增益 M 表示,其定义为

$$M = \frac{I_M}{I_R} \tag{5-8}$$

式中:I_R 为无雪崩倍增时 PN 结的反向电流(无光照时,I_R 即为二极管的反向饱和电流 I_s),I_M

为有雪崩增益时的反向电流。

倍增系数与 PN 结上所加的反向偏压、PN 结的材料和结构有关。实验发现,在外加电压 U 略低于击穿电压 U_{BR} 时,也会发生雪崩倍增现象,只是倍增系数稍小,这时倍增系数 M 随 U 的变化可以用如下经验公式近似表示:

$$M = \frac{1}{1 - \left(\dfrac{U}{U_{BR}}\right)^n} \tag{5-9}$$

式中:n 为与 PN 结的材料和结构有关的常数,对于硅器件,$n=1.5\sim4$,对于锗器件 $n=2.5\sim8$。

由式(5-9)可知,当外加电压 U 增加接近 U_{BR} 时,M 将随之迅速增大,而当 $U=U_{BR}$ 时,$M\to\infty$,此时 PN 结将发生击穿。

击穿电压 U_{BR} 与器件工作温度有关,当温度升高时,击穿电压会增大。这是因为温度升高使晶格散射作用增强,减小了载流子的平均自由程,载流子在较短的距离内要获得足够大的能量引起电离产生电子-空穴对,需要更强的电场,因而提高了击穿电压。

图 5-10 给出了雪崩光电二极管的雪崩增益 M 及暗电流与反向偏压的关系曲线。由图可知,当反向偏压 U_A 较低时,无雪崩效应,$M=0$;随着反偏压 U_A 增加,倍增系数和倍增电流增大。当 U_A 足够大时,倍增系数增加很快,曲线上升很陡,但此时暗电流也增加很快,使噪声也随之增加。雪崩光电二极管一般工作在倍增系数斜率较大、偏压略低于击穿电压的区域,相应的雪崩增益 M 为 $10^2\sim10^3$。若偏压高于 U_{BR},则会发生自持雪崩击穿,噪声电流很大,管子将会被烧毁。所以,最佳工作点应选在雪崩击穿点附近。一般雪崩光电二极管的反向击穿电压在几十伏到几百伏之间。

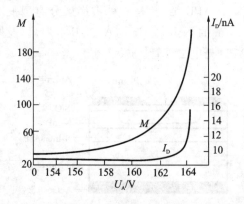

图 5-10　倍增系数 M、暗电流与反向偏压关系曲线

2)噪声特性

雪崩光电二极管的增益、噪声性能与工作电压密切相关。图 5-11 给出了实际 APD 的输出特性,由图可见,当外加偏压在 $100\sim200$ V 时,雪崩系数 M 在 10 的量级,此时器件的噪声很小;随着外加偏压的增高,M 明显增大,同时噪声电流也随之增加。在实际使用中,必须权衡倍增增益及噪声特性两个方面。在一定光照条件下,选择合适的工作电压,以得到最佳雪崩增益(M_{opt}),使雪崩光电二极管的输出信噪比达到最大。此外,每个雪崩光电二极管都有一定的工作电压范围。由于雪崩击穿电压会随器件的工作温度而漂移,因此,在使用时必须考虑每个实际雪崩光电二极管的特性随其环境温度的变化而适当调整工作电压。

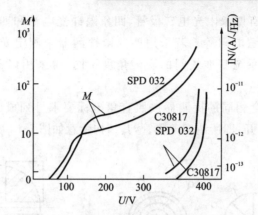

图 5-11 雪崩二极管增益及噪声特性曲线

3)响应时间

由于雪崩光电二极管工作时所加的反向偏压高,光生载流子在结区的渡越时间短,结电容只有几个皮法,甚至更小,因此雪崩光电二极管的响应时间一般只有 0.5～1 ns,相应的响应频率可达几十吉赫(GHz)。

雪崩光电二极管与光电倍增管比较,具有体积小、结构紧凑、工作电压低、使用方便等优点。但其暗电流比光电倍增管的暗电流大,相应的噪声也较大,故光电倍增管更适宜于弱光探测。

目前,用于制作雪崩光电二极管的材料主要是硅和锗,实用的器件具有极短的响应时间,即数以千兆的响应频率,高达 $10^2 \sim 10^3$ 的增益,所以在光纤通信、激光测距、激光雷达和光纤传感等领域得到了广泛的应用。与 PIN 光电二极管比较,在同样负载条件下,雪崩光电二极管具有高灵敏度。虽然雪崩光电二极管具有内增益,可大大降低对前置放大器的要求,但却需要上百伏的工作电压。此外,雪崩光电二极管的性能与入射光功率有关,通常当入射光功率在 1 nW 至几微瓦时,倍增电流与入射光具有较好的线性关系,但当入射光功率过大,倍增系数 M 反而会降低,从而引起光电流的畸变。测量表明,只有当入射光功率不大于 10^{-5} W 时,光电流二次谐波畸变才小于 -60 dB。因此,在实际探测系统中,当入射光功率较小时,多采用 APD,此时,雪崩增益引起的噪声贡献不大。相反,在入射光功率较大时,雪崩增益引起的噪声占主导地位,并可能带来光电流失真,这时采用 APD 带来的好处不大,采用 PIN 管更为恰当。因此,在具体使用中两种器件各具特点,应视系统的要求来选择。

任务 4 象限探测器

1. 象限探测器的结构及工作原理

象限探测器可以用来确定光点在二维平面上的位置坐标,一般用于准直、定位、跟踪等方面,它是利用集成电路光刻技术,将一个圆形或方形的光敏面窗口分隔成几个面积相等、形状相同、位置对称的区域(见图 5-12,背面仍为整片)。每一个区域相当于一个光电器件。在理想情况下,每个光电器件应有完全相同的性能参数,但实际上每个光电器件的转换效率往往不一致,使用时必须精心挑选。

典型的象限探测器有四象限光电二极管、四象限硅光电池和四象限光电倍增管，也有二象限的硅光电池和光敏电阻等。若采用四象限探测器来测定光斑的中心位置，则根据探测器坐标轴线和测量系统基准线间的安装角度不同，可采用以下不同的电路形式进行测定。

人们把四个性能完全相同的探测器按照直角坐标要求排列成四个象限做在同一芯片上，中间有十字形沟道隔开，即所谓四象限管，其结构示意如图 5-13 所示。

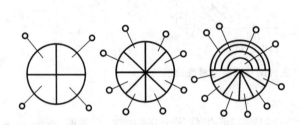 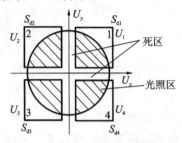

图 5-12　各种象限探测器示意图　　　　图 5-13　四象限管结构示意图

四象限探测器象限之间的间隔称为"死区"，一般要求"死区"做得很窄。若"死区"太宽，而入射光斑较小时，就无法判别光斑的位置；"死区"做得过分狭窄，可能引起信号之间的相互串扰，同时工艺上也不易达到，所以实际制作时，必须要兼顾这两个方面。此外，四象限探测器在实际工作时要求四个探测器分别配接四个前置放大器。由于四个探测器的响应特性不可能做到绝对一致，为了正常工作，除尽量选择一致性的器件外，要求配接的放大器要能起到补偿和均衡的作用，这是四象限探测器在实际使用中必须注意的问题。

典型的象限探测器有四象限光电二极管和四象限硅光电池等，也有二象限的硅光电池和光电二极管等。它们可以用来确定光点在二维平面上的位置坐标，一般用于准直、定位、跟踪等方面。

象限探测器有以下几个缺点：

（1）由于表面分割，从而产生死区，光斑越小，死区的影响越明显；

（2）若光斑全部落入一个象限，则输出的电信号将无法表示光斑的准确位置；

（3）测量精度易受光强变化的影响，分辨率不高。

2.象限探测器的应用

在可见光和近红外波段，目前广泛应用的是硅光电池和硅光电二极管。由于探测应用技术的需要，特别是光雷达跟踪、扫描系统的研制和发展，使 $8\sim14\mu m$ 中红外 PV-HgCdTe 四象限探测器受到了极大关注。四象限探测器主要用于激光准直、二维方向上目标的方位定向、位置探测等领域。

图 5-14 所示的为简单的激光准直原理图。用单模 He-Ne 激光器（或者单模半导体激光器）作光源。因为它有很小的光束发散角，又有圆对称截面的光强分布（高斯分布），很利于作准直用。图中激光射出的光束用倒置望远系统 L 进行扩束，倒置望远系统角放大率小，于是光束发散角进一步压缩，射出接近平行的光束投向四象限管，形成一圆形亮斑。光电池 AC、BD 连接成电桥。当光束准直时，亮斑中心与四象限管十字沟道中心重合，此时电桥输出

信号为零。若亮斑沿上下左右有偏移时,两对电桥就相应于光斑偏离方向而输出 $\pm X$、$\pm Y$ 的信号。哪个探测器被照亮斑的面积大,其输出信号也大。这种准直仪可用于各种建筑施工场合作为测量基准线。

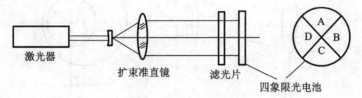

图 5-14　激光准直原理图

四象限探测也可作为二维方向上目标的方位定向,用于军事目标的探测或工业中的定向探测。图 5-15 所示的为脉冲激光定向原理图,图中用脉冲激光器作光源(如固体脉冲激光器),它发出脉冲极窄(ns 量级脉宽)而峰值功率很高的激光脉冲,用它照射远处军事目标(坦克、车辆等)。被照射的目标对光脉冲发生漫反射,反射回来的光由光电接收系统接收,接收系统由光学系统和四象限管组成。四象限管放在光学系统后焦面附近,光轴通过四象限管十字沟道中心。远处目标反射光近似于平行光进入光学系统成像于物镜的后焦面上,四象限管的位置因略有离焦,于是接收到目标的像为一圆形光斑。当光学系统光轴对准目标时,圆形光斑中心与四象限管中心重合。四个器件因受照的光斑面积相同,输出相等的脉冲电压。经过后面的处理电路以后,没有误差信号输出。当目标相对光轴在 x、y 方向有任何偏移时,目标像的圆形光斑的位置就在四象限管上相应地有偏移,四个探测器因受照光斑面积不同而得到不同的光能量,从而输出脉冲电压的幅度也不同。四个探测器分别与图 5-16 所示运算电路相连。四个探测器的输出脉冲电压经四个放大器 A、B、C、D 放大后进入和差电路进行运算,得到代表光斑沿 x 或 y 方向的偏移量所对应的电压,可表示为

$$A_x = k(A + B) - (C + D) \tag{5-10}$$

$$U_y = k(A + D) - (B + C) \tag{5-11}$$

式中:A、B、C、D 分别为四个探测器的输出;k 为电路放大系数。

通常为了消除光斑自身功率变化(例如,运动目标远近变化而引起光斑总能量变化)采用和差比幅电路。其输出电压为

$$U_x = k \frac{(A + B) - (C + D)}{A + B + C + D} \tag{5-12}$$

$$U_y = k \frac{(A + B) - (C + D)}{A + B + C + D} \tag{5-13}$$

为分析方便起见,假如光斑是光强度均匀分布的圆斑,半径是 r。象限探测器上得到的扇形光斑面积是光斑总面积的一部分,并且 A、B、C、D 探测器输出与相应象限扇形光斑面积成正比,则由求扇形面积公式可推得输出信号与光斑偏移量的关系为

$$U_x = k \left[2 \left(rx \sqrt{1 - \frac{x^2}{r^2}} + r^2 \arcsin \frac{x}{r} \right) \right] \tag{5-14}$$

$$U_y = k \left[2 \left(ry \sqrt{1 - \frac{x^2}{r^2}} + r^2 \arcsin \frac{x}{r} \right) \right] \tag{5-15}$$

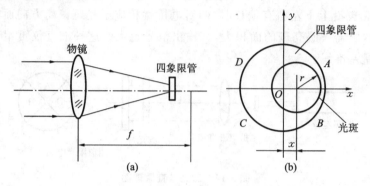

图 5-15　脉冲激光定向原理图

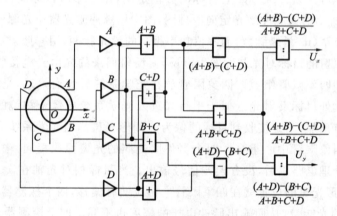

图 5-16　四象限管探测电路方块图

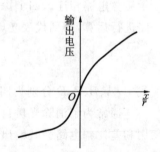

图 5-17　输出信号与光斑
位移量的关系

　　输出信号 U_x 与光斑位移 x 之间的关系如图 5-17 所示,在一定范围内是呈线性关系的。在实用系统中通常还需要再加入脉冲展宽电路,把信号脉冲展宽到能够控制后续部件。

　　如果采用其他形式的光学系统与四象限组合使用,则四象限探测也不限于测量方位,也可测其他物理量。图 5-18 所示的为测量物体微位移的原理图。首先分析图中光学系统的成像关系,图中光学系统由物镜和柱面镜组成。如果物点 S_0 在 B 位置上,经物镜成像后物的理想像面位置在 Q 点,在物镜后面加一柱面镜后成像面位置在 P 点,那么当接收面(探测器)在 PQ 这段距离内由左往右移动时,所接收到的光斑将由长轴为垂直方向的椭圆形逐渐变成长轴为水平方向的椭圆形,而在 M 点位置处光斑是圆形的。反过来把四象限管放在 M 点位置上,当物点 S_0 在 B 点附近有微位移时,四象限管上所得到的光斑形状也将发生改变。当物点 S_0 由 B 移到 A 位置时,四象限管得到长轴是垂直方向的椭圆光斑。物点处于 C 位置时得到长轴处于水平方向的椭圆光斑,如图 5-18 所示。这时四象限管的输出信号经过如图 5-19 所示的和差电路和除法电路后输出信号为

$$U = \frac{(A+C) - (B+D)}{A+B+C+D} \tag{5-16}$$

式中:A、B、C、D 分别为图示位置四个探测器的输出信号。

由最后输出电压的正负可测得物点是远离了还是靠近了,其幅值大小反映微位移量的大小。

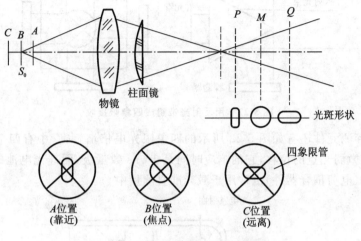

图 5-18   测量物体微位移原理图

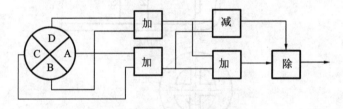

图 5-19   微位移测量的电路原理图

这种微位移测量方法已用于照相系统自动调焦、激光唱盘跳动量测量等。图 5-20 所示的为用于集成电路芯片制造中芯片自动调焦的原理图。图 5-21 所示的为测量激光唱盘的跳动量的原理图。图 5-20 中加入 1/4 波片是为了减小芯片中表面由于粗糙、尖角引入的衍射影响。

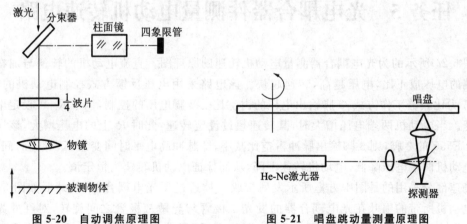

图 5-20   自动调焦原理图   图 5-21   唱盘跳动量测量原理图

尽管目前使用的四象限管多为硅光电池和硅光二极管,若用其他类型探测器作四象限探测时,可选用四个性能参数相同的器件配合四棱(或圆形)反射光锥接收,如图 5-22 所示。

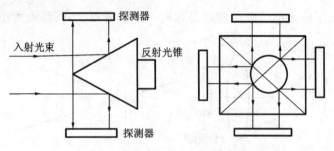

图 5-22 用反射光锥组成四象限接收

光点位移探测元件还有如图 5-23 所示的四象限光电倍增管,管中有四个独立的光阴极片,用来探测较微弱光点的位移,它的响应时间是 10 ns 数量级,而硅光电池的为 20 μs 数量级。另外,CCD(电荷耦合器件)也常用于激光准直测量中。

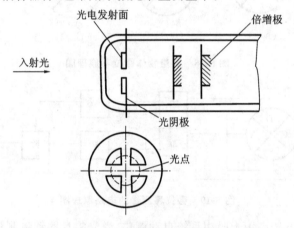

图 5-23 四象限光电倍增管

任务 5 光电耦合器件测量电动机转速电路

图 5-24 所示的为光电耦合器测量电动机转速的原理图。直流电动机的转速与加在电动机两端的电压成正比,电压越高,转速越快。该电路采用电压反馈方式控制电动机的转速,NE555 为比较器工作方式,3 脚输出电压的占空比受 2 脚电压的控制,调节 R_{P1} 可设定电动机的转速。当电动机两端电压增大时,其转速超过设定转速,此时 R_1 上的电压增大,该压降反馈至 NE555 的 2 脚,则 3 脚输出脉冲占空比减小,即脉冲高电平时间变短,Q_1 导通时间缩短,加到电动机两端电压降低,电动机转速下降,从而保证电动机转速为恒定值。

测速部分采用的是图中方框所示发射接收一体透过型光电耦合器,其外形如图 5-25 所示。电动机所带的扇叶在光电耦合器的发光二极管与光敏二极管之间旋转,对红外光进行切割。图中 R_7 为红外发光管的限流电阻,调节 R_{P2} 可调节发光强弱。R_9 和 R_{P3} 为光敏器件的负载电阻,调节 R_{P3} 可调节探测灵敏度。LED 用来指示开关状态。将测试端口 TEST 信号输入示波器,可由波形读出电动机转速,但应考虑到电动机上所带的叶片的个数。

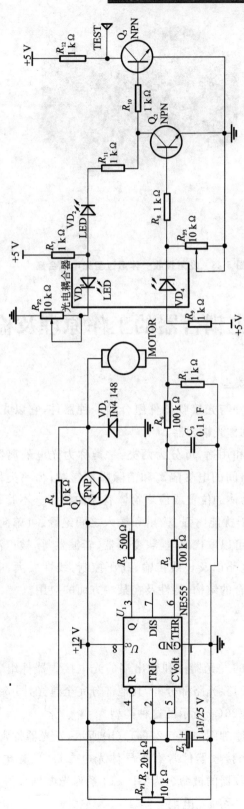

图 5-24 光电耦合器测量电动机转速电路

图 5-25　发射接收一体透过型光电耦合器

任务 6　光电耦合器的工作原理及检测方法

1. 光电耦合器件的结构类型

光电耦合器件是发光器件与光接收器件组合的一种器件,它以光作为媒介把输入端的电信号耦合到输出端,因此也称光耦合器。

光电耦合器根据其结构和用途,可分为两类:一类称为光电隔离器,它的功能是在电路之间传送信息,以便实现电路间的电气隔离和消除噪声影响;另一类称为光传感器,是一种固体传感器,主要用以检测物体的位置或检测物体有无的状态。不管是哪一类器件,都具有体积小、寿命长、无触点、抗干扰能力强、输出和输入之间绝缘、可单向传输模拟或数字信号等特点,因此用途极广,有时可以取代继电器、变压器、斩波器等,被广泛用于隔离电路、开关电路、D/A 转换电路、逻辑电路以及长线传输、高压控制、线性放大、电平匹配等单元电路。下面分别介绍这两类光电耦合的结构、特性及在某些方面的应用。

2. 光电耦合器的组合方式

1)光电隔离器

光电隔离器是把输入端的发光器件和输出端的光电接收器件组装在同一管壳中,且两者的管心相对配置、互相靠近,除光路部分外,其他部分完全遮光,图 5-26 所示的是其三种外形结构图,目前常用的是图 5-26(a)所示的这种类型。

光电隔离器的部分结构原理图如图 5-27(a)、(b)所示,发光器件常采用半导体发光二极管,如砷化镓和磷砷化镓。光接收器件常有半导体光电二极管、光电三极管及光集成电路等。采用光电二极管为光接收器的被命名为 GD-210 系列光电耦合器,采用光电三极管作为光接收器的则命名为 GD-310 系列光电耦合器。

　　砷化镓发光二极管与其他类型的发光器件相比,有发光效率高(达 3‰～5‰)、寿命长(一般超过 10 万小时)的优点,其发光波长为 9400 Å,与硅光电管的峰值波长($\lambda_m = 9000$ Å)相近,因此,用这种器件组成光电耦合器有较高的频率响应和信号传输效率。

　　为了提高频率响应和电流传输比,可采用集成组件作为光接收器件的光电耦合器。图 5-27(c)所示的为光接收器为光电二极管-高速开关三极管组件;图 5-27(d)中光接收器为光电三极管-达林顿晶体管组件,图 5-27(e)中光接收器为光集成电路。

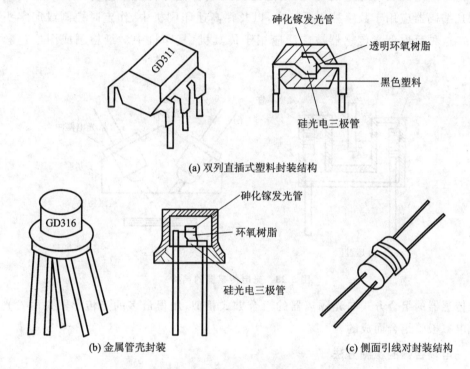

(a) 双列直插式塑料封装结构

(b) 金属管壳封装　　　　　(c) 侧面引线对封装结构

图 5-26　光电耦合器件的三种类型

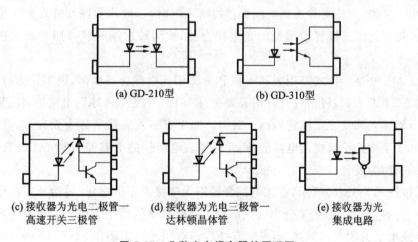

(a) GD-210型　　　　　　(b) GD-310型

(c) 接收器为光电二极管一　　(d) 接收器为光电三极管一　　(e) 接收器为光
　　高速开关三极管　　　　　　　达林顿晶体管　　　　　　集成电路

图 5-27　几种光电耦合器件原理图

2）光传感器

按结构的不同，光传感器又可分为透过型（又称光断续器）和反射型两种。透过型光传感器是将相互之间保持一定距离的发光器件和光接收器件相对组装而成的，如图 5-28(a)所示。它可以检测物体通过两器件之间时所引起的透射光量变化。反射型光传感器则是把发光器件和光接收器件相互间以某一交叉角度安放在同一方向，如图 5-28(b)所示。它可以检测物体经过时反射光量的变化，通过这些光量变化可自动检测物体的数目、长度，也可组成光编码器应用于数字控制系统中，以及在高速印刷机中，作定时控制或印字头的位置控制。这种反射型光传感器被广泛应用于传真机、复印机中对纸检测或图像色彩浓度的调整。

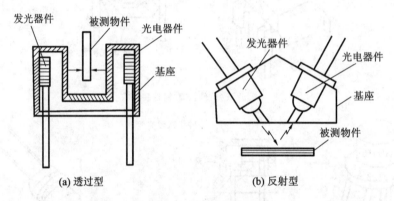

(a) 透过型   (b) 反射型

图 5-28　光电传感器的结构

光传感器的组合方式与光隔离器的组合方式相似，用得最多的光传感器是由发光二极管与光电二极管组合而成的。

3. 光电耦合器的检测方法

由于光电耦合器的组成方式不尽相同，因此在检测时应针对不同的结构特点，采取不同的检测方法。例如，在检测普通光电耦合器的输入端时，一般均参照红外发光二极管的检测方法进行。对于光敏三极管输出型的光电耦合器，检测输出端时应参照光敏三极管的检测方法进行。

这里以 MF50 型指针式万用表和 4 脚 PC817 型光电耦合器为例，说明具体检测方法：首先，按照图 5-29(a)所示，将指针式万用表置于"R×100"（或"R×1k"）电阻挡，红、黑表笔分别接光电耦合器输入端发光二极管的两个引脚。如果有一次表针指数为无穷大，但红、黑表笔互换后有几千至十几千欧姆的电阻值，则此时黑表笔所接的引脚即为发光二极管的正极，红表笔所接的引脚为发光二极管的负极。

然后，按照图 5-29(b)所示，在光电耦合器输入端接入正向电压，将指针式万用表仍然置于"R×100"电阻挡，红、黑表笔分别接光电耦合器输出端的两个引脚。如果有一次表针指数为无穷大（或电阻值较大），但红、黑表笔互换后却有很小的电阻值（小于 100Ω），则此时黑表笔所接的引脚即为内部 NPN 型光敏三极管的集电极 c，红表笔所接的引脚为发射极 e。当切断输入端正向电压时,光敏三极管应截止,万用表指数应为无穷大。这样,不仅确定了 4 脚光电耦合器 PC817 的引脚排列,而且还检测出它的光传输特性正常。如果检测时万用表指针始终不摆动,则说明光电耦合器已损坏。

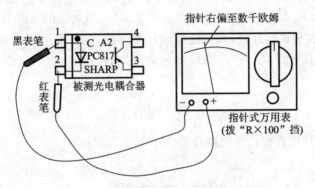

(a) 用万用表检测发光端

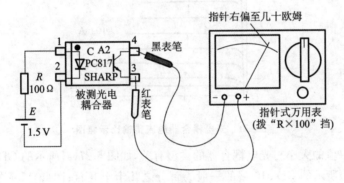

(b) 用万用表检测接收端

图 5-29　光电耦合器检测方法

任务 7　光电耦合器件的特性参数

1. 隔离性

光电耦合器件的输入端和输出端之间通过光信号传输,对电信号是隔离的,没有电信号的反馈和干扰,因而性能稳定。

由于发光管和接收管之间的耦合电容很小(小于 2 pF),因此共模抑制比高、抗干扰能力强。

2. 电流传输比 β

在直流工作状态时,光电耦合器的集电极电流 I_c 与发光二极管的输入电流 I_F 之比称为电流传输比,用 β 表示。

在图 5-30 中,若在输出特性曲线中部取一工作点 Q,它所对应的发光管电流为 I_{FQ},对应

的集电极电流为 I_{cQ}，因此该点的电流传输比是

$$\beta_Q = \frac{I_{cQ}}{I_{FQ}} \times 100\% \tag{5-17}$$

由图 5-30 也可看出，当工作点选在靠近截止区 Q_1 点或接近饱和点 Q_3 时，虽然发光管电流变化 ΔI_{F1}、ΔI_{F3} 或 ΔI_{FQ} 都相等（如图中都增加了 2 mA），但相应的 ΔI_{c1} 或 ΔI_{c3} 却变化很小。此时，β 就不同，因此在传送信号时，用直流传输比是不恰当的，而应当采用被选取工作点 Q 处的小信号电流传输比来计算。这种微小变化量定义的传输比称为交流电流传输比，用 $\widetilde{\beta}$ 表示，即

$$\widetilde{\beta} = \frac{\Delta I_c}{\Delta I_F} \times 100\% \tag{5-18}$$

对于输出特性线性度较好的光电耦合器件，β 与 $\widetilde{\beta}$ 近似相等。

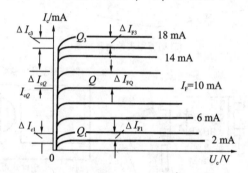

图 5-30　光电耦合器电流传输比示意图

电流传输比 β 值的大小与光电耦合器的类型有关，如图 5-27(a)所示的 GD-210 型的一般为 0.2%～3%，图(b)所示的 GD-310 型的一般为百分之几十至几百；图(c)所示的光电二极管-高速开关三极管的组合的为百分之几到几十；图(d)所示的光电三极管-达林顿晶体管的组合的一般为百分之几百至几千；图(e)所示的接收管为光集成电路的组合的为百分之几百。

3. 频率特性

决定光电耦合器频率特性的因素有发光二极管的发光延迟（约几十纳秒）和接收管的时间常数，图 5-27(a)所示型号的器件时间常数约几十纳秒；图(b)所示型号的时间常数为 1～100 μs；图(c)所示型号的时间常数为 0.1～1 μs；图(d)所示型号的时间常数为几十至几百微秒；图(e)所示型号的时间常数为 50 ns。

4. 输出特性

光电耦合器的输出特性是在一定发光电流 I_F 下，光电接收器件所加电压与输出电流之间的关系曲线。

图 5-31 给出了 GD-210 系列和 GD-310 系列光电耦合器的输出特性。图 5-31(a)是以光电二极管作接收器件的光电耦合器输出特性，其线性较好，它与一般光电二极管的伏安特性相似，只是把光电二极管伏安特性曲线中以光照度（或光功率）为参量换成发光二极管电流 I_F，因此光电耦合器的输出特性与该光电接收器件的伏安特性相似，只需变换参变量即可。

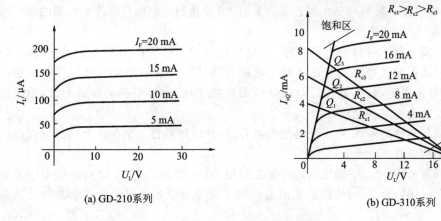

图 5-31　光电耦合器输出特性

5. 输入/输出绝缘特性

光电耦合器中发光管和接收管之间的绝缘较好,其绝缘电阻达 $10^9 \sim 10^{13}$ Ω,耐压值在 500 V 以上,可满足一般使用要求,如有特殊要求可通过采用特殊组合方式制造出耐压高达千伏甚至万伏的光电耦合器。

6. 光电耦合器的特点

光电耦合器具有下列特点:

(1)具有电隔离的功能。它的输入、输出信号间完全没有电路的联系,所以输入和输出回路的电平零位可以任意选择。绝缘电阻高达 $10^{10} \sim 10^{12}$ Ω,击穿电压高到 100 V~25 kV,耦合电容小到零点几皮法。

(2)信号传输是单向性的,不论脉冲、直流都可以使用。适用于模拟信号和数字信号。

(3)具有抗干扰和噪声的能力。它作为继电器和变压器使用时,可以使线路板上看不到磁性元件。它不受外界电磁干扰、电源干扰和杂光影响。

(4)响应速度快。一般可达微秒数量级,甚至纳秒数量级。它可传输的信号频率在直流和 10 MHz 之间。

(5)使用方便,具有一般固体器件的可靠性,体积小(一般直径 6 mm×6 mm),重量轻、抗震、密封防水、性能稳定、耗电省、成本低,工作温度范围在 −55~100 ℃。

由于光电耦合器性能上的优点,它的发展非常迅速。目前,光电耦合器件在品种上有 8 类 500 多种,近几年仅在日本年产量就达几百万。在美国,近几年销售额每年增长 10% 以上。在我国,自 1977 年已在工厂定型生产。这一光电结合的新器件的广泛应用已使我国电子线路设计工作出现了一个较大的飞跃和进步。它已在自动控制、遥控遥测、航空技术、电子计算机,以及其他光电、电子技术中得到广泛的应用。

7. 光电耦合器抗干扰强的原因

光电耦合器的重要优点之一就是能强有力地抑制尖脉冲及各种噪音等的干扰,从而在传输信息中大大提高了信噪比。

光电耦合器件之所以具有很高的抗干扰能力,主要有下面几个原因。

(1)光电耦合器件的输入阻抗很低,一般为 10 Ω~1 kΩ;而干扰源的内阻一般都很大,一

般为 $10^3 \sim 10^6$ Ω。按一般分压比的原理来计算,能够馈送到光电耦合器件输入端的干扰噪声就变得很小了。

(2)由于一般干扰噪声源的内阻都很大,虽然也能供给较大的干扰电压,但可供出的能量却很小,故只能形成很微弱的电流。而光电耦合器件输入端的发光二极管只有在通过一定的电流时才能发光。因此,即使是电压幅值很高的干扰,由于没有足够的能量,不能使发光二极管发光,便会被它抑制掉。

(3)光电耦合器件的输入-输出便是用光耦合的,且这种耦合又是在一个密封管壳内进行的,因而不会受到外界光的干扰。

(4)光电耦合器件的输入-输出间的寄生电容很小(一般为 0.5~2 pF),绝缘电阻又非常大(一般为 $10^{11} \sim 10^{13}$ Ω),因而输出系统内的各种干扰噪音很难通过光电耦合器件反馈到输入系统中去。

8. 光电耦合器的应用

由于光电耦合器具有体积小、寿命长、无触点、线性传输、隔离和抗干扰强等优点,因而其应用非常广泛,具有以下的特点。

(1)在代替脉冲变压器耦合信号时,可以耦合从零频到几兆赫的信息,且失真很小,这使变压器相形见绌。

(2)在代替继电器使用时,又能克服继电器在断电时反电势的泄放干扰及在大振动、大冲击下触点抖动等不可靠的问题。

(3)能很容易地把不同电位的两组电路互连起来,从而圆满并且很简单地完成电平匹配、电平转移等功能。

(4)光电耦合器的输入端的发光器是电流驱动器件,通过光与输出端耦合,抗干扰能力很强,在长线传输中它作为终端负载时,可以大大提高信息在传输中的信噪比。

(5)在计算机主体运算部与输入、输出之间,用光电耦合器作为接口部件,将会大大增强计算机的可靠性。

(6)光电耦合器的饱和压降比较低,在作为开关器件使用时,又具有晶体管开关不可比拟的优点。

(7)在稳压电源中,它作为过电流自动保护器件使用时,使保护电路既简单又可靠。

思考与练习

1. PSD 作为光电位置探测器,其优点有哪些?
2. 象限探测器与 PSD 相比,有哪些制约因素?
3. 什么是雪崩光电倍增效应? APD 常用于哪些场合?
4. 根据图 5-1,制作 PSD 光电位置检测电路,并使用 555 芯片构成一组除法器,完成后续处理电路。
5. 试根据图 5-4 所示的三角测量原理,改进一维 PSD 的测试电路图,扩大一维 PSD 的检测范围。
6. 根据图 5-24 制作光电耦合器测量电动机转速的电路,设电动机带的扇叶是 3 叶的,试根据示波器的波形,计算出电动机转速。

项目 6

光电倍增管(PMT)光谱辐射检测电路

项目名称:光电倍增管(PMT)光谱辐射检测电路。

项目分析:分析光电倍增管光谱辐射检测电路的原理,掌握光电倍增管的工作电路组成与特点,掌握光电管与光电倍增管的工作原理和结构特性,了解光电倍增管工作电路的组成。

相关知识:光电阴极的分类和主要参数、光电倍增管的主要特性参数、光电倍增管的供电和信号输出电路、光电倍增管的应用。

任务 1 光电倍增管(PMT)光谱辐射检测电路的组成与原理分析

光电倍增管可用来测量辐射光谱在狭窄波长范围内的辐射功率,主要用于光源、荧光粉或其他辐射源的发射光谱测量,在生产过程的控制、元素的鉴定、各种化学分析和冶金学分析仪器中都有广泛的应用。在光谱辐射功率测量中,需采用宽光谱范围的光电倍增管,且要求光电倍增管稳定性好,线性范围宽。

1. 光谱辐射功率测量原理

光谱辐射功率测量原理如图 6-1 所示。测量光源时,将反光镜 M_0 移开,光源的发射光通过光纤进入测量系统,经过光栅单色仪分光后,出射光谱由光电倍增管接收,光电倍增管输出的光电流经放大器放大,进行 A/D 转换,进入微机。另一方面,微机输出信号驱动步进电动机,使单色仪对光源进行光谱扫描,光电倍增管就逐一接收到各波长的光谱信号。仪器通过标准光源(已知光谱功率分布)和被测光源的比较测量,获得被测光源的光谱功率分布。测量荧光样品时,反光镜 M_0 进入光路,紫外灯发射的激光经过紫外滤光片照到荧光样品上,激发的荧光经过反光镜 M_0 进入测量系统。荧光发射光谱的测量方法与前面介绍光源的测量方法类似。

光谱辐射测量的光谱范围为 $200\sim800$ nm,所用的光电倍增管为 R928,该光电倍增管采用近红外增强的多碱光电阴极、石英窗口材料、侧窗式结构,光谱响应范围为 $185\sim900$ nm。当高压为 1000 V 时,典型阳极灵敏度为 2000 $\mu A/lm$,典型暗电流为 2 nA。其电路原理如图 6-2 所示,阳极的最大输出电流为 1 μA,供电电源采用负高压电阻分压方式,其中阴极电压、阳极电压及最末级的极间电压比其他极间电压高 1/3。分压电阻取值如图 6-2 中所示,实际使用的高压为 $-600\sim-1100$ V,分压器上的电流为 $430\sim800$ μA,光电测量系统的线性约为 0.2%。输出信号采用运算放大器作为电流/电压转换,满刻度输出电压为 2 V,反馈电阻 $R_f=U_O/I_P=2$ MΩ。阴极的最大入射光通量约为 $\Phi_{max}=I_P/S_\Phi=5\times10^{-10}$ lm。

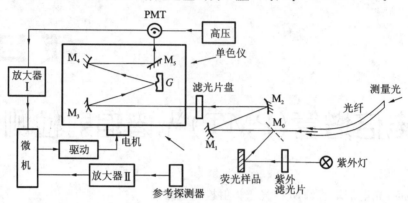

图 6-1　光谱辐射功率测量原理图

2. 光电倍增管检测电路分析

为了使光电倍增管能正常工作,通常在阴极(K)和阳极(A)之间加上 500~1000 V 的高压。从而加速二次发射效应,增加出射电子数,保证光电子能被有效地收集,光电流通过倍增系统能得到有效放大。还需合适的分压电路,将高压在阴极、聚焦极、倍增极和阳极之间按一定规律进行分配。图 6-2 中各极间的电压都是由连接于阳极和阴极之间的分压电阻所提供的。这一电路称为高压分压电路。

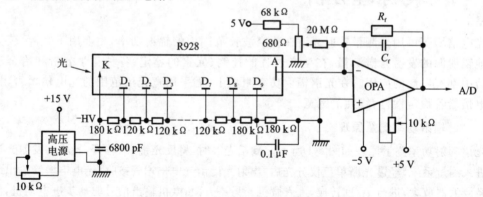

图 6-2　光电倍增管检测电路

高压分压电路的接地方式有阳极接地和阴极接地两种方式,多数情况下采用阳极接地、阴极接负高压方式,如图 6-2 所示。此方案消除了外部电路与阳极之间的电压差,便于电流计或电流/电压转换运算放大器直接与光电倍增管相连接。但在这种阳极接地的方案中,由于靠近光电倍增管玻壳的金属支架或磁屏蔽套管接地,它们与阴极和倍增极之间存在比较高的电位差,结果会使某些光电子打到玻壳内侧,产生玻璃闪烁现象,从而导致噪声显著增加。

另外,光电倍增管对高压电源稳定性要求比较高。在精密的光辐射测量中,通常要求电源电压的稳定度达到 0.01%~0.05%。目前,常用的光电倍增管是一种体积小巧的高压电源模块,如图 6-2 所示。输入直流电压一般为 +15 V,可获得上千伏的负高压输出,电压稳定度为 0.02%~0.05%。调节控制端的电阻或电压,输出的电压可以在 -200~-1200 V 变化。可变电阻一般为 10 kΩ 的精密电阻,也可以通过微机编程自动设定高压,根据测量的光信号强度可自动调整光电倍增管测量系统灵敏度。

对于检测信号输出方式,图 6-2 中采用运算放大器实现了电流/电压转换。由于运算放大器的输入阻抗非常高,光电倍增管的输出电流被阻隔在运算放大器的反相输入端外。因此,大部分的输出电流流过反馈电阻 R_f,这样一个值为 $I_P \cdot R_f$ 的电压就分配在 R_f 上。另一方面,运算放大器的开环增益高达 10^5,其反相输入端的电位与正相输入端的"电位(地电位)"保持相等(虚地)。因此,运算放大器的输出电压 U_O 等于分配在电阻 R_f 上的电压,即

$$U_O = -I_P R_f \tag{6-1}$$

理论上,使用前置放大器进行电流电压转换的精度可高达放大器的开环增益的倒数。

任务 2 光电管与光电倍增管

真空光电器件包括光电管和光电倍增管两类,是基于外光电效应的光电探测器。它的结构特点是有一个真空管,其他元件都放在真空管中。由于光电倍增管具有灵敏度高、响应迅速等特点,在探测微弱光信号及快速脉冲弱光信号方面是一个重要的探测器件,因此广泛应用于航天、材料、生物、医学、地质等领域。

1. 光电阴极

能够产生外光电效应(光电发射效应)的物体称为光电发射体,它在光电器件中常作为阴极,故又称光电阴极。光电管和光电倍增管依靠光电阴极将不同波长的辐射信号转换为电信号,因此光电阴极在光电管和光电倍增管中是相当重要的组成部分。

1)光电阴极的类型

光电阴极一般分为透射型与反射型两种。

透射型阴极通常制作在透明介质上,光通过透明介质后入射到光电阴极上,光电子则从光电阴极的另一边发射出来,所以透射型阴极又称半透明光电阴极。由于光电子的逸出深度是有限的,因此所有透射型光电阴极都有一个最佳的厚度。

不透明光电阴极通常较厚,光照射到阴极上,光电子从同一面发射出来,所以不透明光电阴极又称为反射型阴极,如图 6-3 所示。

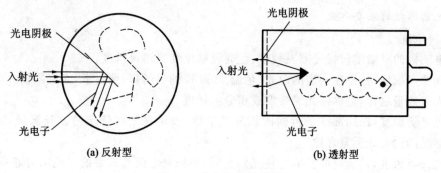

(a) 反射型   (b) 透射型

图 6-3 光电阴极的类型

2)光电阴极的材料

从光电发射效应的原理可知,一个良好的光电阴极材料应具备下述条件:

(1)光吸收系数大;

(2)光电子在体内传输过程中受到的能量损失小,逸出深度大;

(3)表面势垒低,逸出概率大。

满足上述条件的材料就会得到较高的量子效率。

目前,光电阴极的材料有正电子亲和势(PEA)和负电子亲和势(NEA)两种类型。

常规光电阴极都属于正电子亲和势类型,表面的真空能级位于导带之上,常见的材料有Ag-O-Cs、单碱锑化物和多碱锑化物。Ag-O-Cs材料具有良好的可见和近红外响应,光谱响应可从300 nm到1200 nm,因其在可见光区域的灵敏度较低,但在近红外区的长波端灵敏度较高,所以主要应用于近红外探测。单碱锑化物是金属锑与碱金属,如锂、钠、钾、铷、铯中的一种化合形成的,其中CsSb阴极在紫外和可见光区的灵敏度最高。多碱锑化物是金属锑Sb和几种碱金属形成的化合物,其中Sb-Na-K-Cs是最实用的一种光电阴极材料,具有高灵敏度和宽光谱响应,其红外端可延伸到930 nm,适用于宽带光谱测量仪。

负电子亲和势类型的光电阴极是将半导体的表面作特殊处理,使表面区域能带弯曲,真空能级降到导带之下,从而使有效的电子亲和势变为负值而得到的。最常用的负电子亲和势材料是GaAs(Cs)和InGaAs(Cs)。其中GaAs(Cs)光电阴极的光谱响应覆盖了从紫外到930 nm,光谱特性曲线的平坦区从300 nm延伸到850 nm,900 nm以后迅速截止。InGaAs(Cs)光电阴极的光谱响应和GaAs(Cs)光电阴极相比,向红外区进一步扩展。此外,在900~1000 nm区域,InGaAs(Cs)光电阴极的信噪比要远高于GaAs(Cs)的光电阴极。

负电子亲和势材料制作的光电阴极与正电子亲和势光电阴极相比,具有以下四个方面的特点:

(1)量子效率高;

(2)光谱响应率均匀,且光谱响应延伸到红外区;

(3)热电子发射小;

(4)光电子的能量集中。

另外,还有紫外光电阴极。目前比较实用的紫外光电阴极材料有碲化铯(CsTe)和碘化铯(CsI)两种。CsTe阴极的长波限为0.32 μm,而CsI阴极的长波限为0.2 μm。

3)光电阴极的主要参数

(1)灵敏度。

光电阴极的灵敏度包括光照灵敏度、色光灵敏度和光谱灵敏度。

①光照灵敏度,是指在一定的白光(色温2856 K的钨丝灯)照射下,光电阴极光电流与入射的白光光通量之比,也称白光灵敏度或积分灵敏度。

②色光灵敏度,即局部波长范围的积分灵敏度,表示在某些特定的波长区域,阴极光电流与入射光的白光光通量之比。

③光谱灵敏度,是确定波长的单色光照射时,阴极光电流与入射的单色辐射通量之比。

(2)量子效率。

光电阴极受特定波长的光照射时,该阴极所发射的光电子数 $N_e(\lambda)$ 与入射的 $N_p(\lambda)$ 的比

值,称为量子效率,用符号 $Q(\lambda)$ 表示,表达式如下:

$$Q(\lambda) = \frac{N_e(\lambda)}{N_p(\lambda)} \tag{6-2}$$

(3)光谱响应曲线。

光电阴极的光谱灵敏度或量子效率与入射光波长的关系曲线,称为光谱响应曲线。

(4)热电子发射。

光电阴极中有一些电子的热能有可能大于光电阴极逸出功,因而产生热电子发射。

2. 光电管(PT)

光电管主要由玻壳(光窗)、光电阴极和阳极三部分组成,如图 6-4 所示。

光电管的工作电路如图 6-5 所示。

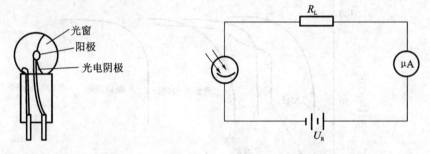

图 6-4 光电管的结构组成　　　　　图 6-5 光电管的工作电路

因光电管内部有的是抽成真空,有的是充入低压惰性气体,所以可以把光电管分为真空型和充气型两种。

在真空光电管中,当入射的光线从光窗照射到光电阴极上时,后者就发射光电子,光电子在电场的作用下被加速,并被阳极收集,形成的光电流的大小主要由阴极灵敏度和光照强度等决定。

在充气光电管中,光电阴极产生的光电子在加速向阳极运动的过程中与气体原子碰撞而使后者发生电离,电离产生的新电子数倍于原光电子,因此在电路内形成数倍于真空光电管的光电流。

3. 光电倍增管(PMT)

光电倍增管(PMT)是在光电管的基础上研制出来的一种真空光电器件,由于在结构上增加了电子光学系统和电子倍增极,因此极大地提高了检测灵敏度。

1)光电倍增管的基本结构

光电倍增管由入射窗口、光电阴极、电子光学系统(光电阴极到第一个倍增极 D_1 之间的系统)、二次发射倍增系统和阳极五个部分组成。光电倍增管的基本结构如图 6-6 所示。

(1)入射窗口。

入射窗口简称光窗,是入射光的通道。光窗材料对光的吸收与波长有关,波长越短,吸收越多,所以倍增管光谱特性的短波阈值取决于光窗材料。光电倍增管常用的窗口材料有硼硅玻璃、透紫外玻璃、熔融石英、蓝宝石和 MgF_2。窗口材料的光谱透过率如图 6-7 所示。

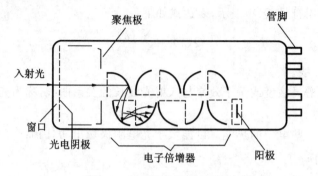

图 6-6 光电倍增管基本结构

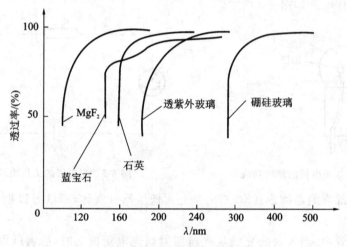

图 6-7 窗口材料的光谱透过率

光窗通常有侧窗式和端窗式两种类型。侧窗式光电倍增管是通过管壳的侧面接收入射光,使用反射式光电阴极,而且大多数采用鼠笼式倍增极结构,一般应用在光谱仪和发光强度测量中。而端窗式光电倍增管是通过管壳的端面接收入射光,使用半透明光电阴极,光电阴极材料沉积在入射窗的内侧面。

(2)电子光学系统。

电子光学系统是指阴极到倍增系统第一倍增极之间的电极空间,其中包括光电阴极、聚焦极、加速极及第一倍增极。电子光学系统的主要作用有两点:

①使光电阴极发射的光电子尽可能全部汇聚到第一倍增极上,而将其他部分的杂散热电子散射掉,提高信噪比。

②使阴极面上各处发射的光电子在电子光学系统中渡越时间尽可能维持相等,这样可以保证光电倍增管的快速响应。

(3)二次发射倍增系统。

二次发射倍增系统是由许多倍增极组成的综合体,每个倍增极都是由二次电子倍增材料构成的,具有使一次电子倍增的能力。因此倍增系统是决定倍增管灵敏度最关键的部分。

①二次电子发射原理。

当具有足够动能的电子轰击倍增极材料时,倍增极表面将发射新的电子。入射的电子称为一次电子,从倍增极表面发射的电子称为二次电子。

二次电子发射过程可以分为三个阶段:

Ⅰ.吸收能量:材料吸收一次电子的能量,激发体内电子到高能态,这些受激电子称为内二次电子。

Ⅱ.内部运动:内二次电子中初始速度方向指向表面的那一部分向表面运动。

Ⅲ.电子发射:到达界面的内二次电子中能量大于表面势垒的电子发射到真空中,成为二次电子。

②倍增极材料。

倍增极材料大致可分以下四类:

Ⅰ.主要是银氧铯和锑铯两种化合物,它们既是灵敏的光电发射体,也是良好的二次电子发射体。

Ⅱ.氧化物型,主要是氧化镁、氧化钡等。

Ⅲ.合金型,主要是银镁、铝镁、铜镁、镍镁、铜铍等合金。

Ⅳ.负电子亲和势材料,如用铯激活的磷化镓等。

③倍增极结构。

光电倍增管中的倍增极一般由几级至十五级组成,根据电子的轨迹又可分为聚焦型和非聚焦型两大类。倍增极结构形式有六种,分别是鼠笼式、盒栅式、直线聚焦式、百叶窗式、近贴栅网式和微通道板式。表 6-1 列出了六种倍增极结构的典型指标比较。

表 6-1　六种倍增极结构的典型指标比较

特性 类型	上升时间 /ns	脉冲线性度偏差 2 % /mA	抗磁场能力 /mT	均匀性	收集率	特　点
鼠笼式	0.9～3.0	1～10	0.1	差	好	结构紧凑,高速
盒栅式	6～20	1～10		好	极好	高收集率
直线聚焦式	0.7～3.0	10～250		差	好	高速、线性好
百叶窗式	6～18	10～40		好	差	适用于大直径管
近贴栅网式	1.5～5.5	300～1000	* 700～1200 以上	好	差	线性好、抗磁
微通道板式	0.1～0.3	700	15～1200 以上	好	差	超高速

(4)阳极。

阳极收集从末级倍增极发射出的二次电子。最简单常用的阳极是栅状阳极。栅状阳极的输出电容小,阳极附近也不易产生空间电荷效应。

2)光电倍增管的工作原理

光电倍增管的工作原理如图 6-8 所示。

(1)光子透过入射窗口入射在光电阴极 K 上。

(2)光电阴极受光照激发,表面发射光电子。

(3)光电子被电子光学系统加速和聚焦后入射到第一倍增极 D_1 上,倍增极将发射出多于入射电子数目的二次电子。入射电子经 n 级倍增极倍增后,光电子数就放大 n 次。

(4)经过倍增后的二次电子由阳极 P 收集起来,形成阳极光电流 I_P,在负载 R_L 上产生信号电压 U_0。为了使光电子能有效地被各倍增极电极收集并倍增,阴极与第一倍增极、各倍增极之间及末级倍增极与阳极之间都必须施加一定的电压。最普通的形式是在阴极和阳极之间加上适当的高压,阴极接负,阳极接正,外部并联一系列电阻,使各电极之间获得一定的分压,如图 6-8 所示。

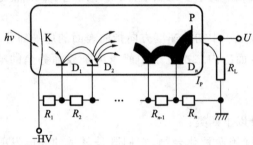

图 6-8　光电倍增管的工作原理图

3) 光电倍增管的基本特性参数

(1) 灵敏度。

灵敏度是衡量光电倍增管探测光信号能力的一个重要参数,包含光谱响应、阴极灵敏度和阳极光照灵敏度。

阴极的光谱灵敏度取决于光电阴极和窗口的材料性质。阳极的光谱灵敏度等于阴极的光谱灵敏度与光电倍增管放大系数的乘积,而其光谱响应曲线基本上与光电阴极的光谱响应曲线相同。

(2) 放大倍数(电流增益)。

在一定的工作电压下,光电倍增管的阳极电流和阴极电流之比,称为管子的放大倍数 M 或电流增益 G。

$$M(\text{或 } G) = \frac{I_P}{I_K} \tag{6-3}$$

式中:I_P 为阳极电流;I_K 为阴极电流。

如图 6-9 所示的是典型光电倍增管阳极灵敏度和放大倍数随工作电压而变化的函数关系曲线。

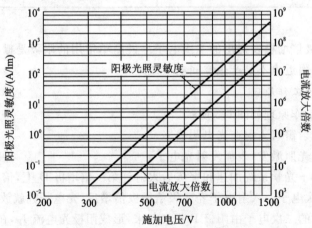

图 6-9　阳极灵敏度和放大倍数随工作电压变化的关系曲线

（3）暗电流。

光电倍增管的暗电流是指在施加规定的电压后，在无光照情况下测定的阳极电流。暗电流决定了光电倍增管的极限灵敏度。暗电流来源可归纳为三类：阴极或其他零件的热发射、极间欧姆漏电、残余气体及场致发射等的再生效应。

如图 6-10 所示，在低电压时，暗电流由漏电流决定；电压较高时，主要是热电子发射；电压再大，则导致场致发射和残余气体离子发射，使暗电流急剧增加，甚至可能发生自持放电。实际使用中，为了得到比较高的信噪比 S/N，所加的电源电压必须适当，一般工作在图 6-10 中的 b 段。

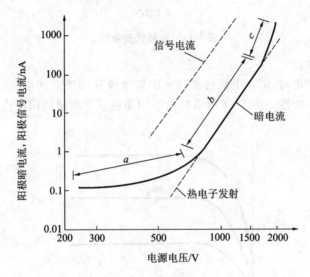

图 6-10　暗电流与电源电压的关系曲线

（4）噪声。

光电倍增管的噪声主要有光电器件本身的散粒噪声和热噪声、负载电阻的热噪声、光电阴极和倍增极发射时的闪烁噪声等。散粒噪声中一大部分是暗电流被倍增引起的。

减小噪声和暗电流常用的有效方法是制冷。

由图 6-10 可知，热电子发射是暗电流的主要成分。冷却光电倍增管可降低从光电阴极和倍增极来的热发射电子，这对于弱信号探测或光子计数是十分重要的。目前常用的半导体制冷器可制冷到 $-30 \sim -20\,^{\circ}\text{C}$，可使光电倍增管的信噪比提高一个数量级以上。制冷对降低其他光电器件的噪声也很有效。

（5）伏安特性。

①阴极伏安特性。

当入射光通量一定时，阴极光电流与阴极和第一倍增极之间电压（简称为阴极电压 U_K）的关系称为阴极伏安特性。图 6-11 所示的为不同光通量下测得的阴极伏安特性。

由图可知，当阴极电压大于一定值后，阴极电流开始趋向饱和，与入射光通量呈线性关系。

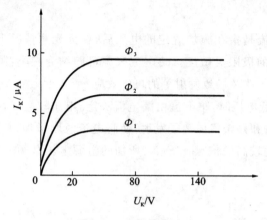

图 6-11 阴极伏安特性

②阳极伏安特性。

当入射光通量一定时,阳极电流与最后一级倍增极和阳极之间电压(简称阳极电压 U_P)的关系称为阳极伏安特性。图 6-12 所示的为不同光通量下测得的阳极伏安特性。

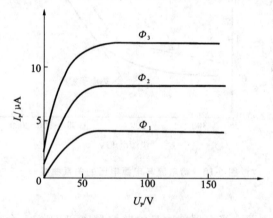

图 6-12 阴极伏安特性

由图可知,当阳极电压大于一定值后,阳极电流趋向饱和,与入射到阴极面上的光通量呈线性关系。

(6)线性。

光电倍增管具有很宽的动态范围,能够在很大光强变化范围内保持线性。但如果入射光强过大,输出信号电流就会偏离理想的线性。这主要是由光电倍增管的阳极线性特性引起的;透射式光阴极倍增管在低电压、大电流下工作,其线性特性也受阴极线性特性影响。如果工作电压是恒定的,阴极和阳极的线性就仅仅取决于电流值,与入射光的波长无关。

(7)稳定性。

光电倍增管的稳定性是指在恒定光照情况下,阳极电流随时间的变化。光电倍增管的稳定性与工作电流、极间电压、运行时间、环境条件和光照情况等许多因素有关。

(8)滞后效应。

当入射光或者所加电压以阶跃函数变化时,光电倍增管并不能输出完全相同的阶跃函数信号,这种现象称为"滞后"。滞后效应主要是由于电子偏离设计的轨迹及倍增极的陶瓷支架和玻壳等静电作用引起的。当入射的光照变化,而所加的电压也跟着变化时,滞后效应特别明显。当长时间没有入射信号光时,给光电倍增管加一个模拟信号光来减小阳极输出电流的变化,对减小光滞后是很有效的。

(9)时间特性。

光电倍增管的时间响应主要是由从光阴极发射光电子、经过倍增极放大的到达阳极的渡越时间,以及由每个光电子之间的渡越时间差决定的。光电倍增管的时间响应通常用阳极输出脉冲的上升时间、下降时间、电子的渡越时间及渡越时间离散来表示。

(10)磁场特性。

几乎所有的光电倍增管都会受到周围环境磁场的影响。磁场会使本来由静电场确定的电子轨迹产生偏移。这种现象在阴极到第一倍增极区域最为明显,因为在这一区域,电子路径最大。在磁场的作用下电子运动偏离正常轨迹,引起光电倍增管灵敏度下降,噪声增加。目前由于分别采用了近贴栅网和微通道板代替普通的倍增极结构,这些类型的光电倍增管抗磁场干扰能力得到很大的加强,故可在强磁场的环境中使用。

任务 3 光电倍增管供电与信号输出电路

为了使光电倍增管能正常工作,通常在阴极(K)和阳极(P)之间加上 500~1000 V 的高压。

作用:加速二次发射效应,增加出射电子数,保证光电子能被有效地收集,光电流通过倍增系统能得到有效放大。

1. 高压电源

从光电倍增管的工作原理可知,它必须工作在高压状态下,而且光电倍增管对高压电源稳定性要求比较高。目前,常用的光电倍增管是一种体积小巧的高压电源模块,如图 6-13(a)所示。输入直流电压一般为 +15 V,可获得上千伏的负高压输出,电压稳定度为 0.02%~0.05%。调节控制端的电阻或电压,输出的电压可以在 -200~-1200 V 之间变化,如图6-13(b)所示。可变电阻一般为 10 kΩ 的精密电阻,也可以通过微机编程自动设定高压,根据测量的光信号强度可自动调整光电倍增管测量系统灵敏度。

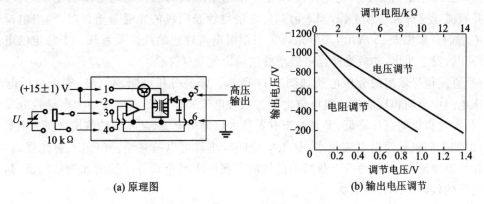

(a) 原理图   (b) 输出电压调节

图 6-13 高压模块电源原理及输出特性图

一般电源电压的稳定性应比光电倍增管所要求的稳定性约高 10 倍。在精密的光辐射测量中,通常要求电源电压的稳定度达到 $0.01\% \sim 0.05\%$。

输入电压的改变、控制端电阻的改变会导致输出电压改变。

2. 高压分压电路

1)定义

光电倍增管工作时,需要在阴极和阳极之间加上 $500 \sim 1000$ V 的高压。该电压将以适当的比例分配给聚焦极、倍增极和阳极,保证光电子能被有效地收集,光电流通过倍增系统得到放大。实际应用中各极间的电压都是由连接于阳极与阴极之间的分压电阻所提供的,这一电路称为高压分压电路。

2)高压分压电路的接地方式

多数情况下采用阳极接地、阴极接负高压方式,如图 6-14(a)所示。此方案消除了外部电路与阳极之间的电压差,便于电流计或电流/电压转换运算放大器直接与光电倍增管相连接。但在这种阳极接地的方案中,由于靠近光电倍增管玻壳的金属支架或磁屏蔽套管接地,它们与阴极和倍增极之间存在比较高的电位差,结果会使某些光电子打到玻壳内侧,产生玻璃闪烁现象,从而导致噪声显著增加。

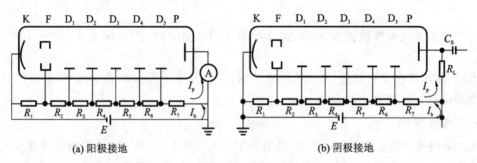

(a) 阳极接地　　　　　　　　　　(b) 阴极接地

图 6-14　高压分压电路

3. 分压电流与输出线性的关系

流经分压电路的电流 I_b 被称为分压电流,该电流与光电倍增管输出电流的线性有着密切关系。分压电流约等于供电电压除以各分压电阻阻值的和。无论是阳极还是阴极接地,无论是直流还是脉冲信号工作,当入射到光电倍增管光阴极的光通量增加时,输出电流也随着相应增加。如图 6-15 所示,入射光通量与阳极电流理想的线性关系从一个特定的电流值(B 段)开始发生变化,并最终使光电倍增管的输出饱和(C 段)。

(1)直流信号输出的分压电路如图 6-14 所示。流经分压电阻的电流,等于分压电流 I_b 与分压电阻中流向相反的倍增极电流之差。阳极电流和倍增极电流的增大将导致分压电流减小,从而使得极间电压降低,尤其对于有着较大倍增极电流,又靠后的倍增极更为明显。

(2)如果阳极的输出电流很小,分压电流的减小就可以被忽略。但当入射光强增加,阳极和倍增极电流增加时,后几个倍增极的极间亏损电压要重新分配给前面的倍增极间,从而使得前面的极间电压有所增加。

(3)光电流的增大使得最后一级倍增极与阳极之间的极间电压亏损非常明显,但是这一区域的电压对最后一级倍增极的二次激发速率影响较小。因此,电压在前几极间的重新分配和上升,导致光电倍增管电流放大倍数的增加,如图 6-15 中 B 段所示。如果入射光强进一步增强以至于阳极电流变得非常大,阳极的二次电子收集效率将随着最后一级倍增极与阳极之间的极间电压的降低而降低,从而出现饱和现象,如图 6-15 中 C 段所示。

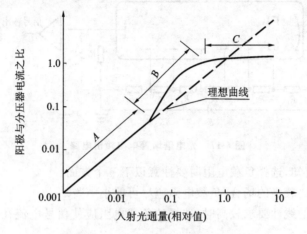

图 6-15　光电倍增管输出线性曲线

(4)一般实用的阳极最大直流输出通常为分压电流的 2 ％～5 ％。如果线性度要高于 1％或低于－1 ％,那么最大输出电流必须控制在分压电流的 1 ％以内。

(5)为增加最大线性输出,可以采用以下两种方法:

①减小分压电阻的阻值来增加分压电流;

②在最后一级倍增极和阳极间使用一只齐纳二极管(见图 6-16),如果有必要,在倒数第二级或倒数第三级也可以使用齐纳二极管。

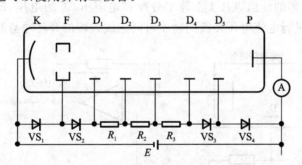

图 6-16　使用齐纳二极管改善输出线性

4. 信号输出方式

1)用负载电阻实现电流/电压转换

如图 6-17 所示电路的负载电阻为 R_L,光电倍增管的输出电容(包括连线等杂散电容)为 C_s,那么截止频率可以由 $f_c=1/2\pi C_s R_L$ 给出。

即使光电倍增管和放大电路能够有较高的响应速度,其响应能力还是被限制在由后继输出电路决定的截止频率 f_c 以内。而且,如果负载电阻不必要地增大,将导致末倍增极与阳极间电压的下降,增加空间电荷,使输出线性变差。要确定一个最佳的负载电阻值,还必须考虑连接到光电倍增管上的放大器的输入阻抗 R_{in}。因为光电倍增管的有效负载电阻 R_o 为 R_L 和 R_{in} 的并联,所以 R_o 的阻值要小于 R_L。

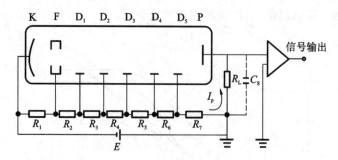

图 6-17   光电倍增管电阻输出电路

从上面的分析可知,选择负载电阻时要注意以下三个方面:

(1)在频响要求比较高的场合,负载电阻应尽可能小一些;

(2)当输出信号的线性要求较高时,选择的负载电阻应使信号电流在它上面产生的压降在几伏以内;

(3)负载电阻应比放大器的输入阻抗小得多。

2)用运算放大器实现电流/电压转换

图 6-18 所示的为一个由运算放大器构成的电流/电压转换电路。由于运算放大器的输入阻抗非常高,光电倍增管的输出电流被阻隔在运算放大器的反相输入端外。因此,大多数的输出电流流过反馈电阻 R_f,这样一个值为 $I_P R_f$ 电压就分配在 R_f 上。另一方面,运算放大器的开环增益高达 10^5,其反相输入端的电位与正相输入端的电位(地电位)保持相等(虚地)。因此,运算放大器的输出电压 U_O 等于分配在电阻 R_f 上的电压,即 $U_O = -I_P R_f$ 理论上,使用前置放大器进行电流电压转换的精度可高达放大器的开环增益的倒数。

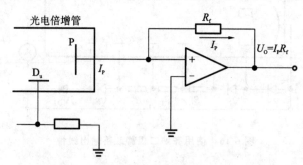

图 6-18   光电倍增管运算放大器输出电路

为了防止光电倍增管输出端发出高压,采用如图 6-19 所示的由一只电阻 R_P 和二极管 VD_1 及 VD_2 组成的保护电路可以防止前置放大器被损坏。这两个二极管应有最小的漏电流和结电容,通常采用一个小信号放大晶体管或 FET 的 BE 结。如果选用的 R_P 太小,它将不能有效地保护电路;但是如果太大,就会在测量大电流时产生误差。一般 R_P 的选择范围在几千欧至几十千欧之间。

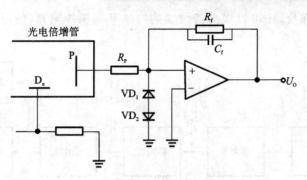

图 6-19 前置放大器的保护电路

任务 4 光电倍增管的应用

光电倍增管具有灵敏度高和响应迅速等特点,目前它仍然是最常用的光电探测器之一,而且在许多场合还是唯一适用的光电探测器。下面列举光电倍增管在这方面的应用。

1. 光谱测量

光电倍增管可用来测量光源在波长范围内的辐射功率。它在生产过程的控制、元素的鉴定、各种化学分析和冶金学分析仪器中都有广泛的应用。这些分析仪器中的光谱范围比较宽,如可见光分光光度计的波长范围为 $380\sim800$ nm,紫外可见光分光光度计的波长范围为 $185\sim800$ nm,因此需采用宽光谱范围的光电倍增管。为了能更好地与分光单色仪的长方形狭缝匹配,通常使用侧窗式结构。

2. 极微弱光信号的探测——光子计数

由于光电倍增管的放大倍数很高,因此常用来进行光子计数。但是当测量的光照微弱到一定水平时,由于探测器本身的背景噪声(热噪声、散粒噪声等)而给测量带来很大的困难。例如,当光功率为 10^{-17} W 时,光子通量约为每秒 100 个光子,这比光电倍增管的噪声还要低,即使采用弱光调制,用锁相放大器来提取信息,有时也无能为力。所以光照也不能太小,光子计数器一般用于测量小于 10^{-14} W 的连续微弱辐射。最简单的光子计数器的原理如图 6-20 所示。当 n_P 个光子照射到光电阴极上时,如果光电阴极的量子效率为 η,那么会发射出 $\eta \cdot n_P$ 个分立的光电子。每个光电子被电子倍增器放大,到达阳极的电子数可达 $10^5\sim10^7$ 个。由于光电倍增管的时间离散性和输出端时间常数的影响,这些电子构成宽度为 $5\sim15$ ns 的输出脉冲,它的幅值按中间值计算为 $I_P\approx16$ μA。把幅值放大到 mA 数量级,就可用脉冲计数器正确计数。

光子计数系统是理想的微弱光探测器,它可以探测到每秒 $10\sim20$ 个光子水平的极微弱光。这种光子计数系统已用于生命科学研究中的细胞分类分析。先用荧光物质对细胞进行标记,然后根据细胞发出的不同的荧光进行分析,可以分离和捕集不同的细胞,也可以用来确定细胞的性质和结构。这种细胞发出的荧光是极其微弱的,它的强度弱到光子计数水平,因此要求探测器有足够高的量子效率和足够低的噪声。目前,国外还研制出一种不仅可以探测单光子事件的强度,还可以探测其位置的二维平面像探测器,使得光子成像技术成为现实。

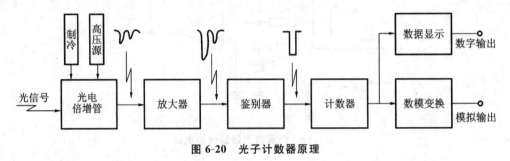

图 6-20　光子计数器原理

3. 射线的探测

1)闪烁计数

闪烁计数是将闪烁晶体与光电倍增管结合在一起探测高能粒子的有效方法。常用的闪烁体式是 NaI(TI),用端窗式光电倍增管与之配合。如图 6-21(a)所示,当高能粒子照到闪烁体上时,它产生光辐射并由倍增管接收转变为电信号,而且光电倍增管输出脉冲的幅度与粒子的能量成正比。图 6-21(b)所示的是一幅典型的输出脉冲幅度分布图——能谱图。在该图中每一能量上都有一个明显的峰值,在射线测量中,可用作衡量脉冲幅度的分辨率。另外,选择光电倍增管时必须与闪烁体的发射光谱相匹配。

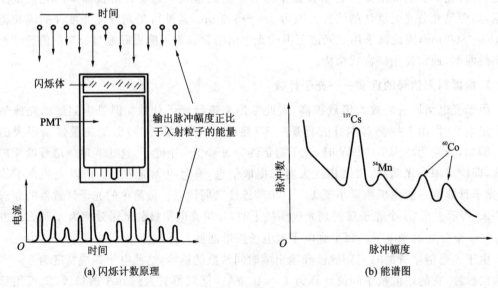

(a) 闪烁计数原理　　(b) 能谱图

图 6-21　闪烁计数

2)在医学上的应用

γ 射线探测已经应用于核医学的 PET(Position Emission Tomography)系统,与一般 CT 的区别在于它可以对生物的机能进行诊断。注入患者的是放射性物质,放射出正电子,同周围的电子结合淬灭,在 180°的两个方向发射出 511keV 的 γ 射线。这些射线由人体周围排列的光电倍增管 PMT 与闪烁体组合的探测器接收,可以确定患者体内淬灭电子的位置,得到一个 CT 像。PET 专用的超小型四角状、快时间响应的光电倍增管国外已有公司批量生产。

在测量中要正确使用光电倍增管,还应注意如下几点:

(1)阳极电流要小于 1 μA,以减缓疲劳和老化效应;

(2)分压器中流过的电流应大于阳极最大电流的 1000 倍,但不应过分加大,以免发热;

(3)高压电源的稳定性必须达到测量精度的 10 倍以上。电压的纹波系数一般应小于 0.001%;

(4)阴极和第一倍增极之间、末级倍增极和阳极之间的级间电压应设计得与总电压无关;

(5)用运算放大器作光电倍增管输出信号的电流电压变换,可获好的信噪比和线性度;

(6)电磁屏蔽时最好使屏蔽筒与阴极处于相同电位;

(7)光电倍增管使用前应接通高压电源,在黑暗中放置几小时,不用时应储存在黑暗中;

(8)光电倍增管的冷却温度一般取 -20 ℃;

(9)在光电阴极前放置优质的漫射器,可减少因阴极区域灵敏度不同而产生的误差;

(10)光电倍增管不能在有氦气的环境中使用,因为它会渗透到玻壳内而引起噪声;

(11)光电倍增管使用前应让其自然老化数年,以获得良好的稳定性;

(12)光电倍增管参数的离散性很大,要获得确切的参数,只能逐个测定。

思考与练习

1.光电发射和二次电子发射两者有哪些不同?简述光电倍增管的工作原理。

2.光电管与光电倍增管的区别是什么?为什么会导致它们在性能上差异很大?

3.为什么光子计数器中的光电倍增管需在低温下工作?

4.光电倍增管产生暗电流的原因有哪些?

5.光电倍增管采用负高压供电或正高压供电,各有什么优缺点?它们分别适用哪些情况?

6.现有 12 级倍增极的光电倍增管,若要求正常工作时放大倍数的稳定度为 1%,则电压稳定度应为多少?

7.已知光电倍增管的阴极面积为 2 cm^2,阴极灵敏度为 25 μA/lm,倍增管的放大倍数为 10^5,阳极的额定电流为 20 μA,求允许的最大光照。

线阵 CCD 测量物体尺寸实验

项目名称:线阵 CCD 测量物体尺寸实验。

项目分析:完成线阵 CCD 测量物体尺寸实验,了解线阵 CCD 在测量中的作用及控制方法。

相关知识:CCD 的工作原理、特性参数,CCD 应用的各种电路分析,CMOS 图像传感器的与 CCD 的性能比较。

任务 1 线阵 CCD 测量物体尺寸实验

1. CCD 测量物体尺寸原理

线阵 CCD 输出信号的二值化处理常用于物体外形尺寸、物体位置、物体震动(振动)等的测量。图 7-1 所示的为测量物体 A 的外形尺寸(例如棒材的直径 D)的原理图。被测物 A 置于成像物镜的物方视场中,线阵 CCD 像敏面安装在成像物镜的最佳像面位置。

照明系统以一个大功率 LED 为照明光源,该光源体积小、重量轻、光源单色性好、发光亮度和发光效率高,且亮度便于调整。均匀的背景光使被测物 A 通过成像物镜成像到 CCD 的像敏面上。LED 发出的光通过双胶合镜片 F_1 会聚于 f'_1 点,而该点为 F_2 镜的物方焦点,将由焦点发出的光扩展成平行光,照射在成像物镜上。在像面位置可得到黑白分明的光强分布。CCD 像敏面上的光强分布载荷了被测物尺寸的信息,通过 CCD 及其驱动器将载有尺寸信息的像转换为如图 7-1 右侧所示的时序电压信号(输出波形)。根据输出波形,可以得到物体 A 在像方的尺寸 D'。设光学放大倍率为 β,则可以用下面公式计算物体 A 的实际尺寸 D 为

$$D = D'/\beta \tag{7-1}$$

显然,只要求出 D',就不难测出物体 A 的实际尺寸 D。

线阵 CCD 的输出信号 U_o 随光强分布的变化关系是线性的,因此,可用 U_o 模拟光强分布。采用二值化处理方法将物体边界信息检测出来是简单便捷的方法。有了物体边界信息便可以进行上述测量工作。

LED
F_1
f_1'
D
A
f
l
F_2
理想像面
f'
l'
N_2
D'
N_1
成像物镜
CCD像敏面
理想的光强分布

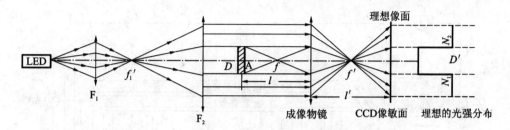

图 7-1　线阵 CCD 测量物体尺寸光学系统图

图 7-2 所示的为线阵 CCD 测量物体尺寸的完整系统框图，其中最重要的两个部分是 CCD 传感器的驱动以及最终的二值化处理电路。

被测器件
成像系统
CCD传感器
二值化处理电路
A/D转换
照明系统
驱动电路
单片机
LED显示

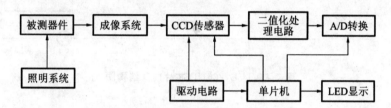

图 7-2　线阵 CCD 测量物体尺寸系统框图

2. CCD 的驱动电路

实验过程中选用 TCD1206UD 型线阵 CCD，其引脚排布及功能如图 7-3 及表 7-1 所示。它有 2160 个有效光敏像元，光敏元阵列总长为 30.24 mm，像元的中心距为 14 μm，如图 7-4 所示。驱动频率为 1 MHz，行周期 2.5 ms，光电灵敏度为 45 V/(lx · s)。图 7-5 所示的是 TCD1206UD 的驱动时序图，SH 为转移脉冲，其周期为光信号积分时间。OS 是输出信号，其输出周期至少为 2236 个像元的输出周期；Φ_1 和 Φ_2 的时钟频率为 0.5 MHz；RS 是复位脉冲，其时钟频率为 1 MHz，占空比为 1∶3。

OS 1
DOS 2
OD 3
RS 4
NC 5
Φ_1 6
NC 7
NC 8
NC 9
NC 10
NC 11
22 SS
21 SH
20 NC
19 Φ_2
18 NC
17 NC
16 NC
15 NC
14 NC
13 NC
12 NC
1
2160

图 7-3　TCD1206UD 芯片引脚

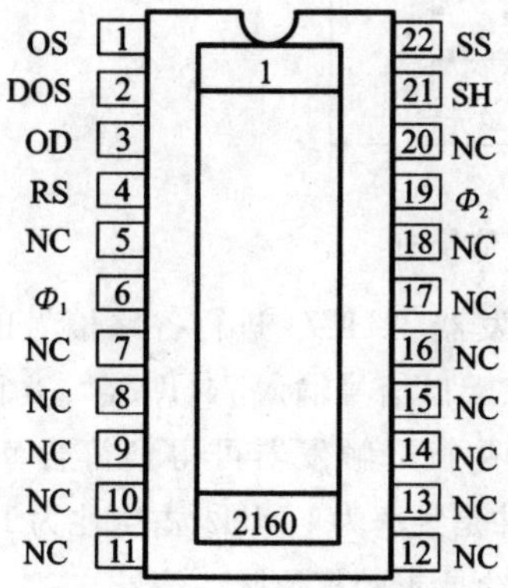

表 7-1　TCD1206UD 的引脚功能

引　脚	功　能
Φ_1	时钟
Φ_2	时钟
SH	转移栅
RS	复位栅
OS	信号输出
DOS	补偿输出
OD	电源
SS	地
NC	未连接

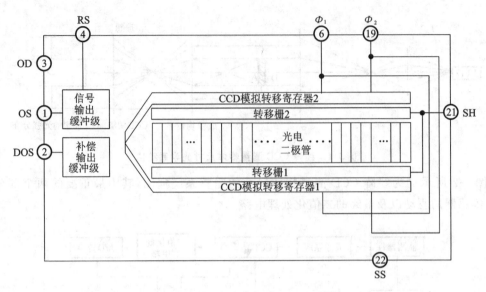

图 7-4　TCD1206UD 芯片内部结构图

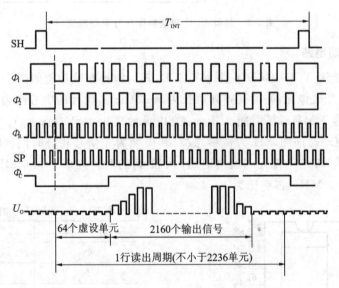

图 7-5　TCD1206UD 驱动时序信号图

　　TCD1206UD 的驱动脉冲可由图 7-6 提供。利用 D 触发器 74HC74 进行各路信号的分频处理。由 89C2051 单片机的 ALE 端口引出 2 MHz 的信号,该端口信号输入 74HC74。一个 D 触发器可以将脉冲 2 分频,两个可以将脉冲 4 分频,因此经过两个 D 触发器可得到符合 Φ_1 频率的 0.5 MHz 脉冲,加上一个反向器即可得到 Φ_2 信号。复位脉冲是频率为 1 MHz,占空比为 1∶3 的脉冲,可利用 1 MHz 和 0.5 MHz 频率的脉冲通过与门得到符合要求的复位脉冲信号。

　　TCD1206UD 的转移脉冲另行从 P1.2 口引出,CCD 传感器的一个周期中至少有 1180 个脉冲,时钟脉冲的频率为 0.5 MHz,所以转移脉冲的周期应该为 590 μs,可由编程得到。

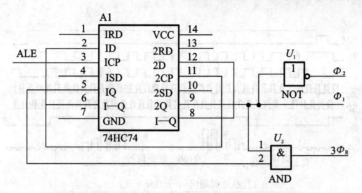

图 7-6 TCD1206UD 的驱动脉冲电路

TCD1206UD 的整体驱动电路如图 7-7 所示,在图 7-6 中所得到的 Φ_1、Φ_2、Φ_R、SH 这四路驱动脉冲的作用下,TCD1206UD 输出 OS 信号以及 DOS 信号。将此两路输出信号分别送入差分放大器 LF357 的正、反输入端进行差分放大,抑制掉共模的 Φ_R 引起的干扰,可以得到如图 7-8 所示的信号波形。

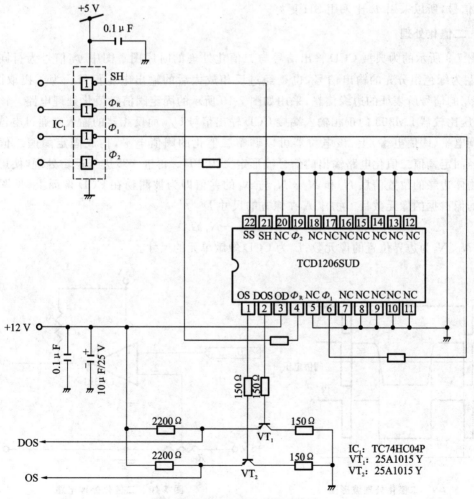

图 7-7 TCD1206UD 的驱动电路

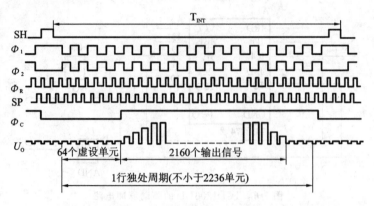

图 7-8　TCD1206UD 的驱动脉冲与输出脉冲波形图

图 7-8 中的 SP 以及 Φ_C 是为用户提供的控制脉冲,SP 及 CCD 输出的像元光电信号同步,可以用来做采样保持控制信号。Φ_C 的上升沿对应于 CCD 的第一个有效像元 S_1,因而可以用作行同步。当然也可以用 SH 作行同步,但由于 CCD 首先输出 64 个虚设单元(含暗流信号)信号,所以采用 Φ_C 比采用 SH 更好。

3. 二值化处理

图 7-9 所示的为典型 CCD 输出信号与二值化处理的时序图。图中 Φ_C 信号为行同步脉冲。U_G 为绿色组分光的输出信号,也是经过反相放大后的输出电压信号。为了提取图 7-9 所示 U_G 的信号所表征的边缘信息,采用如图 7-10 所示的固定阈值二值化处理电路。该电路中,电压比较器 LM393 的正相输入端接 CCD 输出信号 U_G,而反相器的输入端通过电位器接到可调电平(阈值电平)上,该电位器可以调整二值化的阈值电平,构成固定阈值二值化电路。经固定阈值二值化电路输出的信号波形定义为 TH。再进一步进行逻辑处理,便可以提取出物体边缘的位置信息 N_1 和 N_2。N_1 与 N_2 的差值即为被测物在 CCD 像面上(见图 7-1)所成的像占据的像元数目。物体 A 在像方的尺寸 D' 为

$$D' = (N_2 - N_1)L_0 \tag{7-2}$$

式中:N_1、N_2 为边界位置的像元数;L_0 为 CCD 像敏单元的尺寸。

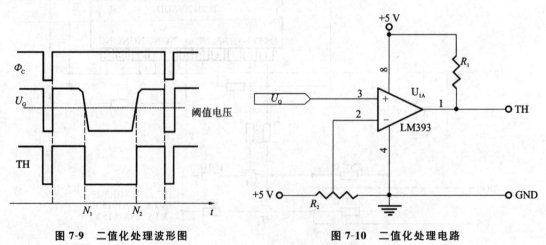

图 7-9　二值化处理波形图　　　　**图 7-10　二值化处理电路**

因此,物体的外径应为

$$D = \frac{(N_2 - N_1)L_0}{\beta} \tag{7-3}$$

二值化处理原理图如图 7-11 所示,若与门的输入脉冲 CR_t 为 CCD 驱动器输出的采样脉冲 SP,则计数器所计的数为 $(N_2 - N_1)$,锁存器锁存的数为 $(N_2 - N_1)$,将其差值送入 $(N_2 - N_1)$ LED 数码显示器,则显示出 $(N_2 - N_1)$ 值。

同样,该系统适用于检测物体的位置和它的运动参数,设图 7-1 中物体 A 在物面沿着光轴做垂直方向运动,根据光强分布的变化,同样可以计算出物体 A 的中心位置和它的运动速度、震动(振动)频率。

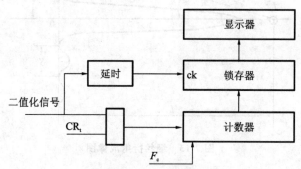

图 7-11 硬件二值化采集原理方框图

4.线阵 CCD 测量物体尺寸的其他方法

1)微小尺寸物体测量

如果被测件尺寸很小,在 $10 \sim 500 \ \mu m$ 时,则经过光学系统成像后,往往会产生衍射现象,使得成像在 CCD 靶面上的影像不能正确反映被测量物体的实际尺寸。因此测量微小尺寸物体时,可将激光光源经过光学系统照射微小件(以细丝为例)成像在线阵 CCD 靶面上,建立被测量尺寸与线阵 CCD 输出衍射信号的函数关系,从而实现对微小尺寸的高精度测量,原理图如图 7-12 所示。

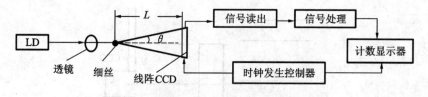

图 7-12 线阵 CCD 微小尺寸测量原理图

如图 7-12 所示,当满足远场条件 $L \gg \lambda$(L 为被测细丝到 CCD 靶面上的距离,d 为细丝直径,λ 为激光输出波长)时,根据夫琅禾费衍射公式可得到

$$d = K\lambda / \sin\theta \tag{7-4}$$

式中:$K = \pm 1, \pm 2, \cdots, n$;$\theta$ 为被测细丝到第 K 级暗纹的连线与光线主轴的夹角。

细丝经过衍射成像在 CCD 靶面上后,信号输出如图 7-13 所示,当 θ 很小,即 L 足够大时,可近似认为 $\sin\theta = \tan\theta = x_K/L$,代入式(7-4)可得

$$d = \frac{\lambda KL}{x_K} = \frac{\lambda L}{\dfrac{x_K}{K}} = \lambda L / S \tag{7-5}$$

其中，$S = \dfrac{x_K}{K}$，表示暗纹周期，则细丝的直径 d 的测量转化为用线阵 CCD 测量暗纹周期 S。

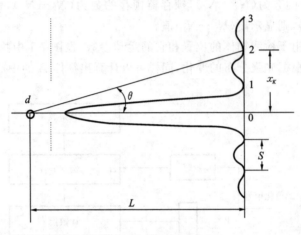

图 7-13 细丝衍射成像图

2）大尺寸物体测量

当被测物体尺寸较大，超出线阵 CCD 的测量范围时，可以采用 CCD 拼接技术，将线阵 CCD 首尾拼接在一起进行测量。这种方法工艺简单易于实现，但由于线阵 CCD 器件两端各有若干个虚设备单元，而且商品化的 CCD 器件处理虚设单元外，还有其他电路、引线和封装结构，故机械拼接不可能使两个线阵 CCD 的有效像元首尾完全拼接成一条直线，总是存在拼接间隙，但这种方法仍然适用于大尺寸、高精度测量领域。如图 7-14 所示，成像 CCD 由 CCD$_1$ 和 CCD$_2$ 经过机械拼接而成，而 N_1、N_2 分别为被测件像遮挡的 CCD$_1$、CCD$_2$ 的部分插入计数脉冲的脉冲数，H 为 CCD$_1$、CCD$_2$ 之间的拼接距离，L_0 为像元尺寸，L 为被测尺寸，则有

$$L = (N_1 + N_2)L_0 + H \tag{7-6}$$

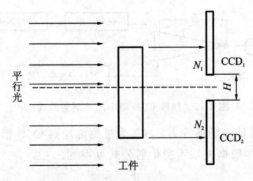

图 7-14 拼接 CCD 测量物体尺寸示意图

当被测物体尺寸足够大，采用拼接 CCD 不能实现测量时，可以采用边缘检测原理实现大尺寸测量的目的。应采用两套 CCD 测量系统测量工件的边缘位置，再将两套 CCD 测得的边缘位置与两个 CCD 的相对位置值综合起来测得工件尺寸。通过改变两个 CCD 之间的距离，

来实现大尺寸测量。设 CCD_1 与 CCD_2 计数脉冲的数目分别为 N_1、N_2,像元尺寸分别为 L_1 和 L_2,H 为两个 CCD 的间距,则被测工件尺寸 L 为

$$L = N_1L_1 + N_2L_2 + H \tag{7-7}$$

任务 2 CCD 的结构与工作原理

电荷耦合器件(charge coupled device,简称 CCD)是贝尔实验室的 W. S. Boyle 和 G. E. Smith 于 1970 年发明的,具有光电转换、信息存储、延时和将电信号按顺序传送等功能的一种光电转换式图像传感器。它利用光电转换原理把图像信息直接转换成电信号,实现了非电量的电测量。CCD 集成在高感光度的半导体单晶材料上,能把光线转变成电荷,通过模数转换器芯片转换成数字信号。CCD 由许多感光单位组成,通常以百万像素为单位。当 CCD 表面受到光线照射时,每个感光单位会将电荷反映在组件上,所有的感光单位所产生的信号加在一起,就构成了一幅完整的画面,其过程如图 7-15 所示,而光学成像的流程图如图 7-16 所示。

图 7-15 CCD 成像过程示意图

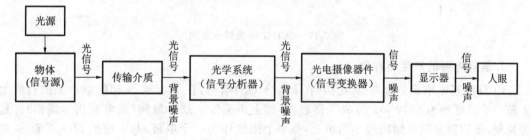

图 7-16 光学成像流程图

CCD 是在 MOS 晶体管电荷存储器的基础上发展起来的,所以有人说,CCD 是一个多栅 MOS 晶体管,即在源与漏之间密布着许多栅极、沟道极长的 MOS 晶体管。随着半导体集成技术的发展,特别是 MOS 集成工艺的成熟,在 20 世纪 70 年代末已有一系列 CCD 的成熟产品出现。为了区别于真空成像器件,CCD 称为固体成像器件。固体成像器件不需要在真空玻璃壳内用靶来完成光学图像的转换,再用电子束按顺序进行扫描获得视频信号;固体成像

器件本身就能完成光学图像转换、信息存储和按顺序输出(称自扫描)视频信号的全过程。

固体成像器件与真空摄像器件相比,有以下优点:

(1)体积小,重量轻,功耗低,耐冲击,可靠性高,寿命长;

(2)无像元烧伤、扭曲,不受电磁场干扰;

(3)对可见光、近红外线敏感,CCD 可做成红外敏感型;

(4)像元尺寸精度优于 1 μm,分辨率高;

(5)可进行非接触位移测量;

(6)基本上不保留残像(真空摄像管有 15%~20% 的残像);

(7)视频信号与微机接口容易。

CCD 作为固体成像器件,最突出的特点即以电荷作为传输信号,在 CCD 内部即可完成信号电荷的产生、存储、转移、输出四个步骤。图 7-17 所示的为 CCD 工作的基本流程图。下面分四个步骤依次介绍 CCD 的工作过程。

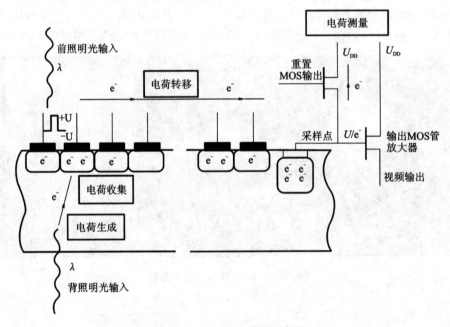

图 7-17 CCD 工作流程示意图

1. 信号电荷的产生与存储

CCD 的基本单元是金属-氧化物-半导体(MOS)结构,在 P 型或 N 型的硅单晶的衬底上生长一层厚度约为 0.12 μm 的 SiO_2 薄膜,薄膜上再蒸发一层金属膜(通常使用金属铝)。经过光刻,将铝膜分割成间距很小的单元,每一个铝膜作为一个电极,与下面的 SiO_2 层和 Si 单晶组成 MOS 结构,如同一个 MOS 电容器(见图 7-18)。所有 MOS 电容可以有两种排列方式,一种是排列成一维形式(线阵),另一种是排列成二维形式(面阵)。再加上信号输入端与输出端,就构成一个 CCD 装置。

以衬底材料为 P 型半导体为例,当金属电极上加正电压时,即栅极电压 $U_G > 0$,电场排斥空穴、吸引电子,越接近表面,空穴浓度越小,形成空穴耗尽层,如图 7-19(b)所示。栅极电压 $U_G \gg 0$,电场排斥空穴、吸引电子,越接近表面,空穴浓度越小,电子浓度甚至超过空穴浓度,形成反型层,如图 7-19(c)所示。对电子而言,耗尽层是一势能很低的区域,称"势阱"。

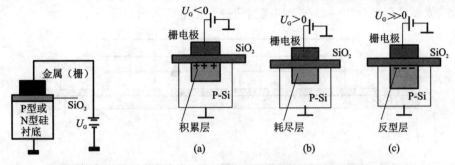

图 7-18　MOS 电容器　　　　　图 7-19　耗尽层与反型层的形成

　　有光线入射到硅片上时,光子作用下产生光生电子-空穴对,如图 7-20(a)所示。其中光生空穴被电场作用排斥出耗尽区,而光生电子被附近势阱(俘获),如图 7-20(b)所示。此时势阱内吸的光子数与光强度成正比,外加电压越大,对应有越大的表面电势,储存电子的能力越大,即势阱越深。外加电压 U_G 与势阱深度的关系如图 7-21 所示。

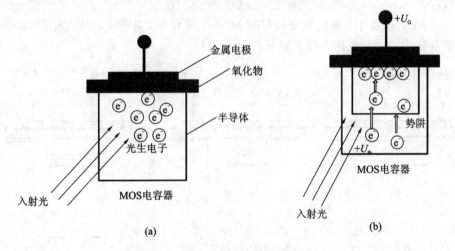

图 7-20　CCD 中信号电荷的产生过程

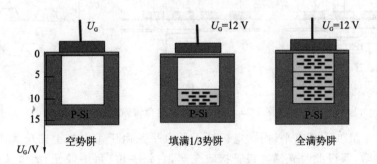

图 7-21　外加电压 U_G 与势阱深度的关系

　　CCD 中的一个 MOS 结构元为 MOS 光敏元或一个像素,把一个势阱所收集的光生电子称为一个电荷包。CCD 器件是在硅片上制作成百上千的 MOS 元,每个金属电极加电压,就形成成百上千个势阱,如图 7-22 所示。如果照射在这些光敏元上的是一幅明暗起伏的图像,那么这些光敏元就感生出一幅与光照度响应的光生电荷图像。

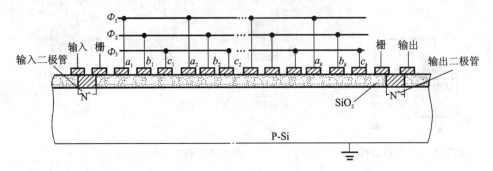

图 7-22　CCD 结构示意图

2. 信号电荷的传输与转移

CCD 工作过程的第三步是信号电荷包的传输和专业,就是将所收集起来的电荷包从一个像元转移到下一个像元,直到全部电荷包输出完成的过程。

如图 7-23 所示的 3 个彼此紧密排列的 MOS 电容结构,当栅极电压变化时,各个电极下方的势阱及阱内的信号电荷会发生如下变化:

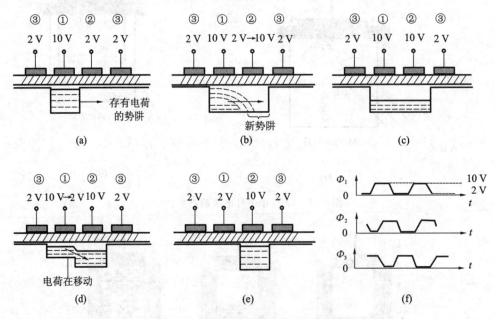

图 7-23　CCD 中信号电荷传输过程

(a)图:①电极处于高电平,而②电极处于低电平。由于①电极上栅压大于开启电压,故在①下形成势阱,假设此时光敏二极管接收光照,它每一位(每一像元)的电荷都对应①电极下方势阱。

(b)图:②电极电平由低电平逐渐增加为高电平,由于两电极靠得很近,因此①电极和②电极下面所形成的势阱就连通,①电极下的部分电荷就流入②电极下的势阱中。

(c)图：①电极与②电极上栅压相等，均为高电平，信号电荷平均分配与两个电极下方。

(d)图：①电极上栅压小于②电极上栅压，故①电极下势阱变浅，势阱变深，电荷更多流向②电极下。由于势阱的不对称性，"左浅右深"，电荷只能朝右转移。

(e)图：②电极处于高电平，而①电极处于低电平，故电荷聚集到②电极下，实现了电荷从①电极下到②电极下的转移。深势阱从①电极下移动到②电极下面，势阱内的电荷也向右转移（传输）了一位。

(f)图：①、②、③电极电压变化示意图。

如果不断地改变电极上的电压，就能使信号电荷可控地按顺序传输，这就是所谓的电荷耦合。

图 7-24(a)所示的为三相 CCD 的平面结构图，信号转移部分由一串紧密排列的 MOS 电容器构成，而一个像素中含有 3 个 MOS 单元，根据电荷总是要向最小位能方向移动的原理工作。信号电荷转移时，只要转移前方电极上的电压高，电极下的势阱深，电荷就会不断地向前运动。通过有序控制加在各个电极上的电压（见图 7-24(c)），就可以实现信号电荷包的定向转移，如图 7-24(b)所示。

图 7-24(c)示出了三相时钟驱动的 CCD 结构和时钟脉冲。由图可见，在信号电荷包运行的前方总有一个较深的势阱处于等待状态，于是电荷包便沿着势阱的移动方向向前连续运动。各相信号周期相同，波形相似，仅存在固定的相位差。此外，还有一种（如两相时钟驱动）是利用电极不对称方法来实现势阱分布不对称，促使电荷包向前运动。势阱中电荷的容量由势阱的深浅决定，电荷在势阱中存储的时间必须远小于势阱的热弛豫时间，所以 CCD 是在非平衡状态下工作的一种功能器件。

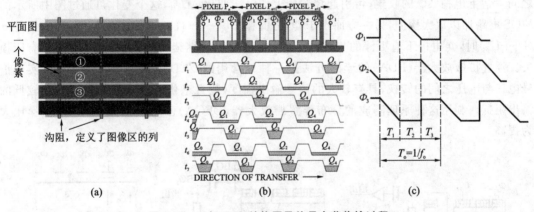

图 7-24　三相 CCD 结构图及信号电荷传输过程

3. 信号电荷的检测

CCD 工作过程的第四步是电荷的检测，就是将转移到输出级的电荷转化为电流或者电压的过程。

输出类型主要有以下三种：

(1)二极管输出；

(2)浮置栅放大器输出；

(3)浮置扩散放大器输出。

图 7-25(a)所示的是由反向偏置二极管收集信号的电荷量 ΔQ 来控制 A 点电压的变化。可以将 A 点直接连到示波器上观察输出,也可以经过一个片外放大装置后,再连接到示波器。输出二极管处于反向偏置状态,到达最后一个转移栅下的电荷包通过输出栅下的"通道",到达反向偏置的二极管并检出,从而产生一个尖峰波形,此波形受偏置电阻(R)、寄生电容(C)及电荷耦合器件工作频率的影响。这种电路简单,但是噪声较大,很少采用。

图 7-25(b)给出一种常用的集成在 CCD 芯片上的放大器。BG_1 称为复位管,BG_2 则为源跟随放大器。在 Φ_3 电极下的势阱没有形成之前,给复位管加复位脉冲 Φ_{Rd},使复位管导通,把二极管的剩余电荷抽走,而当信号电荷来时,复位管截止。由收集电荷 ΔQ 来控制 A 点电位变化,ΔV 为

$$\Delta V \approx \frac{\Delta Q}{C_B + C_G + C_S} \tag{7-8}$$

式中:C_B 是二极管 PN 结势垒电容;C_G 是放大管 T_2 的输入电容(栅电容);C_S 是杂散电容。

输出信号为

$$U_O = K\Delta V \tag{7-9}$$

式中:K 为源跟随放大器的放大倍数,若想获得较大的放大倍数,则 C_B、C_G、C_S 的值要尽量小。

图 7-25(b)所示电路输出的探测电荷的方法是破坏性的,在信息处理应用中,常需要非破坏性的读出电荷的方法。图 7-25(c)给出浮置扩散放大器输出(FDA),能满足这种要求。在 Φ_2 电极与衬底之间的 SiO_2 层中有一浮置栅 FG,Φ_2 加直流偏压,其值在 $-U_r \sim -(U_r+U_p)$ 之间。Φ_2 下电荷 ΔQ 的收集,可引起浮置栅上的电压变化 ΔU_{FG},这个变化可通过图中所示的 MOS 电路加以放大探测,另一方面由于 Φ_2' 之值在 $-U_r \sim -(U_r+U_p)$,因此,当 Φ_3 的值是 $-(U_r+U_p)$ 时,Φ_3 电极下有更深的势阱,使 Φ_2' 下的电荷仍可继续转移,不会因被探测而有所损失。浮置扩散放大器(FDA)的读出方法是一种最常用的 CCD 电荷输出方法。它可实现信号电荷与电压之间的转换,具有较大的信号输出幅度(数百毫伏),以及良好的线性和较低的输出阻抗。利用这种原理制成的分布浮置栅放大器(DFGA)已用于摄像 CCD,使信噪比大为提高。

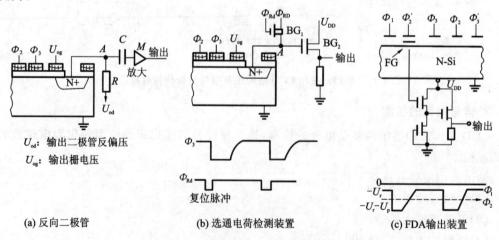

U_{od}:输出二极管反偏压
U_{og}:输出栅电压

(a) 反向二极管　　　(b) 选通电荷检测装置　　　(c) FDA输出装置

图 7-25　三种常见 CCD 信号输出方式

CCD 的输出电路和输入电路一样重要,它们决定了整个 CCD 器件的噪声幅值。由于 CCD 是低噪声器件,因此选择和设计好 CCD 输入和输出电路,对于提高器件的信噪比和增大动态范围有着决定性的影响。

任务 3　CCD 的分类

一个完整的 CCD 器件由光敏元、转移栅、移位寄存器及一些辅助输入、输出电路组成。CCD 工作分为如下几个步骤:

①在设定的积分时间内,光敏元对光信号进行取样,将光的强弱转换为各光敏元的电荷量。

②取样结束后,各光敏元的电荷在转移栅信号驱动下,转移到 CCD 内部的移位寄存器相应单元中。

③移位寄存器在驱动时钟的作用下,将信号电荷顺次转移到输出端。

④输出信号可接到示波器、图像显示器或其他信号存储、处理设备中,对信号再现或进行存储处理。

CCD 器件按结构可分为两大类,即线阵 CCD 和面阵 CCD。

1. 线阵 CCD 器件

转移单元排成线状的 CCD 器件就是线阵 CCD。在前面工作原理中所提到的 CCD 结构,如三相形式的驱动电路里,MOS 单元的利用效率低,只有 1/3 可用来接收光照,2/3 用来实现电荷转移,而且光敏单元同时用来作为转移单元会使传输信号质量受影响,如果是传输图像,则会出现拖影现象。因此,实用的线阵 CCD 是将感光单元与转移单元分开,在感光线阵一侧并列一行 CCD 单元,表面用铝膜遮光,称为转移区或读出区,相当于一个移位寄存器。感光单元与转移单元是一一对应的,其中感光单元由长条形光栅控制,它与转移单元之间则是由长条形转移栅起控制作用。根据器件的具体结构可分为单侧与双侧线阵 CCD,如图 7-26 所示。

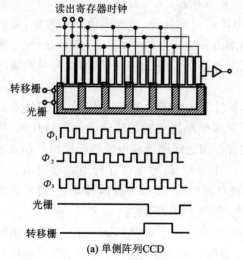

(a) 单侧阵列CCD

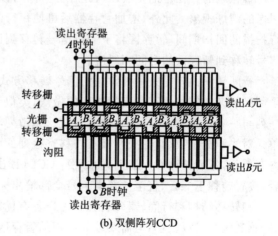

(b) 双侧阵列CCD

图 7-26　线阵 CCD

光敏元与转移区分开，光积分期间收集电子，结束后由转移栅将电荷转移至移位寄存器，开始下一轮积分周期，同时在转移时钟的作用下输出电荷包。

（1）积分：在有效积分时间里，光栅处于高电平，每个光敏元下形成势阱，光生电子被积累到势阱中，形成一个电信号"图像"。积累的电荷量大小与照到其上的光强成比例，形成信号电荷包。

（2）转移：将 N 个光信号电荷包并行转移到所对应的各位 CCD 中，转移栅处于高电平。当光栅电位下降、转移栅极电位变高时，电荷包就会流向转移单元，将信号同时并行地存入。

（3）传输：N 个信号电荷在二相脉冲 Φ_1、Φ_2 驱动下依次沿 CCD 串行输出。之后，光栅及转移栅又回到低电位，准备下一周期的光积分。

双侧线阵 CCD 将光栅分成两组（奇单元与偶单元）分别从两侧输出。两列 CCD 模拟移位寄存器 A 与 B，分列在像敏阵列的两边。单、双数光敏元件中的信号电荷分别转移到上、下方的移位寄存器中，然后，在控制脉冲的作用下，自左向右移动，在输出端交替合并输出，这样就形成了原来光敏信号电荷的顺序。双侧线阵 CCD 可使每一个信号的转移次数减少、转移效率提高，可以提高分辨率。一般在 256 像素以上的线阵 CCD 摄像器件中，均采用双侧线阵 CCD 的传输形式。

2. 面阵 CCD

感光单元排列成二维矩阵形式的 CCD 器件是面阵 CCD。根据传输与读出的结构方式不同，面阵 CCD 也可分为不同类型，主要有帧传输与行间传输方式。

具有暂存区的帧传输装置原理如图 7-27 所示。它包括了成像区、暂存区、读出寄存器三大部分。图中虚线框为电荷耦合沟道，之间有沟阻隔断。水平方向的电极是连通的，共有三相电极分别作用于感光单元。当一相电极加有高电位时，被照单元下的势阱会存储信号电荷包，光积分时间到后，成像区及暂存区的时钟脉冲以同一速度快速驱动，将光敏区的一帧信息转移到暂存区。然后，光敏区的时钟停止驱动，重新开始另一帧光积分。而在暂存区中的光信号逐行向寄存器行转移，并按顺序输出，如图 7-28 所示。

暂存区的存在是把光敏区对光积分时间与读出转移期间分开，减少图像拖影现象，避免图像的闪烁现象。此外，增加暂存器后可使每行的读出相应于电视的线性行扫描，而在电视行扫描的回扫期间，暂存区将下一行信号转移到读出寄存器，电视的帧回扫描时间与光敏区信号转移到暂存区的时间相对应。

行间转移面阵是另一种常用的信号转移方式，器件工作原理如图 7-29 所示，主要特点是采用光敏区与转移寄存区相间排列的做法，类似于将多个单边传输的线阵垂直并行排列，每一列与一条水平行 CCD 的一位相对应。光敏列与寄存列之间的通断由控制栅控制。在光敏单元对光积分结束后，在控制栅及转移寄存列的电压作用下，信号电荷并行地转移到相应的寄存单元，然后转移寄存器列向水平行 CCD（读出寄存器）一次转移一行信号，一行信号输出后，接着转移下一行，直至一幅面信号全部输出完成，如图 7-30 所示。

帧转移结构和行间转移结构的 CCD 各有优缺点。帧转移型面阵 CCD 结构简单，灵敏度高，感光区域可以很小，但需要较大面积的暂存区。行间转移型面阵 CCD 适合于低光强的环境，其"拖影"小，转移效率大大提高，但结构较为复杂。

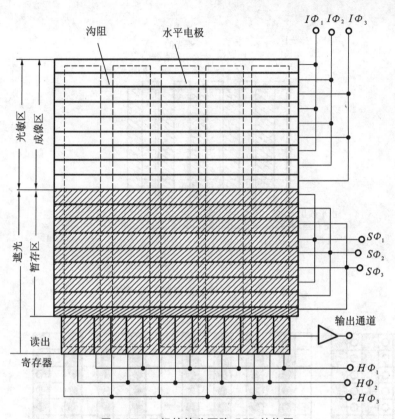

图 7-27　三相帧转移面阵 CCD 结构图

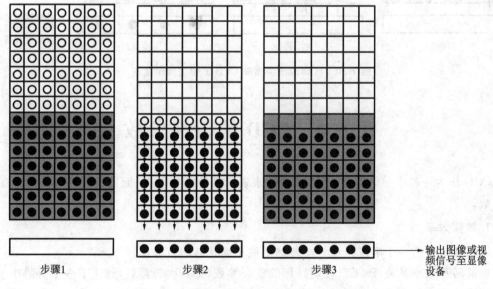

图 7-28　帧转移型面阵 CCD 工作过程示意图

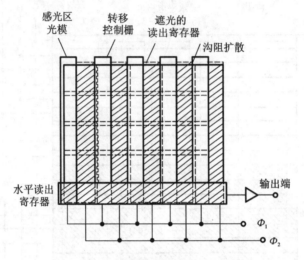

图 7-29　行间传输型面阵 CCD 结构

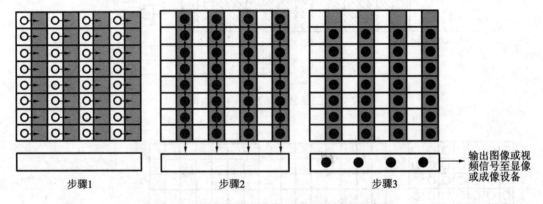

步骤1　　　　　　步骤2　　　　　　步骤3

图 7-30　行间传输型面阵 CCD 工作过程示意图

任务 4　CCD 的特性参数

　　CCD 作为一种半导体器件,有许多参数来表示其性能特性,下面简单介绍几个主要的特性参数。

1. 转移效率

　　转移效率是指一个电荷包在一次转移中被正确转移的百分比。

　　电荷转移效率是表征 CCD 性能好坏的重要参数,把一次转移后,到达下一个势阱中的电荷与原来势阱中的电荷之比称为转移效率。如 $t=0$ 时,某电极下的电荷为 $Q(0)$,在时间 t 时,大多数电荷在电场作用下向下一个电极转移,但总有一小部分电荷由于某种原因留在该电极下,若被留下来的电荷为 $Q(t)$,则转移效率为

$$\eta = \frac{Q(0) - Q(t)}{Q(0)} = 1 - \frac{Q(t)}{Q(0)} \tag{7-10}$$

如果转移损失率定义为

$$\varepsilon = \frac{Q(t)}{Q(0)} \tag{7-11}$$

则转移效率 η 与损失率 ε 的关系为

$$\eta = 1 - \varepsilon \tag{7-12}$$

理想情况下 η 应等于 1,但实际上电荷在转移中有损失。所以 η 总是小于 1,常为 0.9999 以上。一个电荷 $Q(0)$ 的电荷包,经过 n 次转移后,所剩下的电荷 $Q(n)$ 为

$$Q(n) = Q(0)\eta^n \tag{7-13}$$

这样,n 次转移前后电荷之间的关系为

$$\frac{Q(n)}{Q(0)} = e^{-n\varepsilon} \tag{7-14}$$

对于一个二相 CCD 移位寄存器,若移动 m 位,则转移次数 $n = 2m$。如果 $\eta = 0.999$,$m = 512$,最后输出的电荷量将为初始电荷量的 36%,可见信号衰减比较严重;当 $\eta = 0.9999$ 时,此时 $Q_n/Q_0 \approx 0.9$,所以若要保证总效率在 90% 以上,要求转移效率必须达 0.9999 以上。如果一个 CCD 器件总转移效率太低,就失去其实用价值。

由此可见,提高转移效率 η 是使电荷耦合器件实用的关键。驱动脉冲与信号之间时间配合得不理想、势阱耦合程度差以及材料中出现的陷阱都可能使转移效率减低,影响到测量或成像的质量。影响电荷转移效率的主要因数是界面态对电荷的俘获,为此,常采用"胖零"工作模式,即让"零"信号也有一定电荷。

2. 暗电流

在无外信号注入的情况下的输出信号称为暗电流。暗电流产生的原因包括在材料内、界面上以及耗尽层内,载流子的无规则运动所引起的电荷流动。在制冷条件下工作可有效消除暗电流的影响。

3. 信号存储能力

所能存储的最大信号电荷量决定了 CCD 的电荷负载能力。

4. 工作频率

CCD 只有在一定的频率范围内才能正常工作。时钟频率过低,深耗尽层状态向平衡态过渡,热生载流子就会混入信号电荷中。当时钟频率过高时,电荷包来不及转移,势阱就发生了变化,残留在原势阱中的电荷就会增多,损耗增大。

5. 分辨率

实际中,CCD 的分辨率一般用像素表示,像素越多,则分辨率越高。

常见的描述 CCD 分辨率的像素值,实际上是所拍摄照片的横向和纵向像素的乘积,如 100 万(1024×1024)、200 万(1600×1200)、600 万(2832×2128)和 1200 万(4000×3000)等。不同的分辨率所成的图像清晰程度不同,如图 7-31 所示。

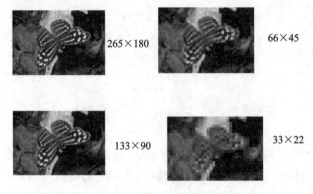

图 7-31　不同像素的 CCD 成像图片比较

任务 5　CCD 的性能与应用

CCD 自问世以来,已经获得了巨大的发展。这与其具有优良的性能是分不开的,它在许多方面已经显示出比传统的光电探测及显示器件更大的优越性。经过二三十年的努力,CCD 已经在多个领域获得了广泛的应用,而且新的应用范围不断被开发出来。下面介绍 CCD 的一些重要特性以及在某些领域的应用情况。

1. CCD 的特性

CCD 具有很高的灵敏度,这是由于它具有很高的光电效应和量子效率,同时可以达到极低的噪声。在背部照射时,单元量子效率可以达到 90% 以上,而电荷转移效率可以实现接近 100% 的程度,整个器件的效率可达到 90%。另外,在低温条件下工作时,一些先进的 CCD 的暗电流几乎接近于 0。

CCD 的波长响应区域可以从紫外波段延伸到红外波段,对硅材料 CCD,主要范围在 $0.4\sim$ $1.1\ \mu m$。如果通过化学蚀刻将硅片减薄或采用背部照射方式,可以减少器件对短波长的吸收损失,就能使硅 CCD 的波长响应到达 $0.1\ \mu m$ 区域。另外,也可通过对光敏面涂特殊的荧光材料来实现对紫外光的敏感。在红外区域,可使用不同结构材料的 CCD,将响应范围延长,如肖特基 IRCCD 的光谱响应范围在 $1.1\sim5\ \mu m$,而 HgCdTeIR-CCD 的光谱响应可以达到 $12\ \mu m$ 处。因此,CCD 的波长适用范围是十分广阔的。

CCD 具有非常宽的动态响应范围,一般的摄像管的动态范围为 1000 : 1 的比例,而 CCD 用于探测有用的视频信号,动态范围大于 3500 : 1。如果仅从对光子数响应来考虑,CCD 可以做到在 1 ms 积分时间内对 10^8 个光子或 10^{-1} 个光子都能作出响应,即宽达 9 个数量级。

CCD 具有很高的线性度,且这种线性在很宽的动态响应范围及很宽的频率范围内都能实现。优点有几何尺寸稳定、体积小、功耗低、寿命长、可靠性高、耐过度曝光和分辨能力高等。

正是由于具有一般光电器件难以做到的综合优良性能,才使得 CCD 的发展前景广泛被看好。

2. CCD 的应用

CCD 的一个最主要应用领域就是图像传感。由于其具有的优良性能,使之能够在一些特殊条件下的使用获得巨大的发展。CCD 传感器应用时是将不同光源与透镜、镜头、光导纤维、滤光镜及反射镜等各种光学元件结合,主要用来装配轻型摄像机、摄像头、工业监视器。

CCD 应用技术是光、机、电和计算机相结合的高新技术,作为一种非常有效的非接触检测方法,CCD 被广泛用于在线检测尺寸、位移、速度、定位和自动调焦等方面。

实例 1　玻璃管直径与壁厚的测量

图 7-32 所示为 CCD 测量玻璃管直径及壁厚原理。由于玻璃管的透射率分布的不同,玻璃管成像的两条暗带最外边界距离为玻璃管外径大小,中间亮带反映了玻璃管内径大小,而暗带则是玻璃管的壁厚像。

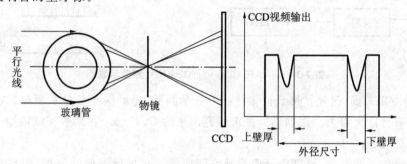

图 7-32　CCD 测量玻璃管直径及壁厚示意图

成像物镜的放大倍率为 β,CCD 像元尺寸为 t,上壁厚、下壁厚分别为脉冲数(即像元个数)n_1、n_2,外径尺寸的脉冲数为 N,测量结果有

$$D_1 = n_1 t/\beta \tag{7-15}$$

$$D_2 = n_2 t/\beta \tag{7-16}$$

$$D = Nt/\beta \tag{7-17}$$

式中:D_1、D_2 分别为玻璃管的上壁厚度和下壁厚度;D 为玻璃管外径。

实例 2　线阵 CCD 进行工件尺寸测量

如图 7-33 所示,线阵 CCD 由上至下依次扫描该工件,将每行信号依次输出,整形后与 CP 脉冲信号进行与运算,可以得到工件边缘的脉冲坐标,再根据 CCD 的像元尺寸大小计算出工件尺寸。

在激光摄像方面,CCD 比一般的摄像管有更大的优势,它的量子效率远大于真空摄像器件的光电阴极的量子效率,如硅 CCD 比 S-20 光阴极的量子效率高 50 倍。另一方面,激光摄像所摄取的图像的波长是在可见及红外交界处,即探测的光子主要是近红外光子,而这正是 CCD 的敏感区。激光摄像所要求的其他条件,如动态范围大、噪声小、几何尺寸稳定等,都是 CCD 能够满足的。

红外热摄像方面,采用红外焦面阵列(IRCCD)装置,可以大大增加探测灵敏度、增加系统作用距离、缩小探测器元的尺寸以提高分辨能力,用快速无惰性电子扫描代替机械扫描可以缩小系统的体积,实现空间大视场传感,成本低、可靠性高等等。CCD 固体摄像器件已经在许多领域成为红外探测应用的主力。

紫外区域的 CCD,采用紫外-可见光的变换方式,可将 CCD 的探测及成像领域向短波长延伸。另外,X-射线照射 CCD,能高效地转换为载流子,以实现强度分布的定量研究。

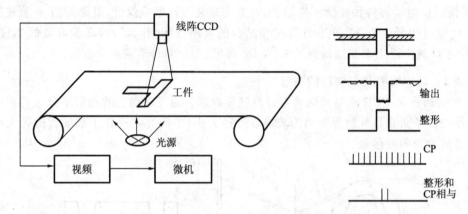

图 7-33   线阵 CCD 进行工件尺寸测量示意图

CCD 的应用范围,已经扩展到许多传统的光学测量、光电探测及显示领域。在军用及民用两方面都有着巨大潜力。根据不同要求研究出来的 CCD 已经在某些领域检测及显示技术中扮演了重要角色。

遥感测量包括两方面:地球表面监视及空间监视。对地球表面的监视,包括对地球资源的勘察、气象及环境监视、军事目标的识别等;空间监视既包括地对空的,也包括空对空的监视。这种测量条件的复杂性对探测设备提出了很高的要求,而 CCD 则是实现测试目的的理想传感器。通常用线阵或面阵图像传感器进行拼接来实现大面积传感。此外,一种 IRCCD 焦面阵列工作于 $1\sim14\ \mu m$ 范围,对于处于大气窗口的红外辐射测量起着十分重要的作用,通过由数万个像元构成的探测阵列,极大地提高了测试灵敏度。

大面积 CCD 的发展所形成的高分辨率的图像传感器,在科学研究上有着重要的用途,例如,在对超远距离天体的测量方面,CCD 已成为有力的工具。对于天文探测仪器,要求探测灵敏度能达到光子噪声极限,有极高的分辨率,且光谱响应宽,动态范围大,器件几何尺寸小,结构稳定,线性好等等。CCD 的进展基本能满足这些要求,尤其是 IRCCD 的进展为天文的应用开辟了无限的前景。

对物质的光谱分析是探索物质特性的重要手段之一。CCD 的出现也会对光谱分析带来重要的变化,特别是对一些微弱效应(如拉曼效应)能更好地作出响应。

微光夜视与红外夜视都是 CCD 适合使用的领域,通过使用像增强装置,可以对照度极低的测试对象进行测量。

CCD 作为一种只有 30 年历史的新型光电转换器件,其应用随着发展在进一步扩大,在信号的探测与显示方面起着越来越大的作用。

任务 6   CMOS 图像传感器

CMOS(complementary metal oxide semiconductor)图像传感器出现于 1969 年,它是一种用传统的芯片工艺方法将光敏元件、放大器、A/D 转换器、存储器、数字信号处理器和计算机接口电路等集成在一块硅片上的图像传感器件,这种器件的结构简单、处理功能多、成品率高且价格低廉,有着广泛的应用前景。

CMOS 图像传感器虽然比 CCD 出现早 1 年,但在相当长的时间内,由于它存在成像质量差、像敏单元尺寸小、填充率(有效像元与总面积之比)低(10%～20%)、响应速度慢等缺点,因此只能用于图像质量要求较低、尺寸较小的数码相机中,如机器人视觉应用的场合。

目前,随着集成电路工艺水平的发展,CMOS 图像传感器的各项指标也得到了很大的提高,1989 年以后,出现了"主动像元"(有源)结构。它不仅有光敏元件和像元寻址开关,而且还有信号放大和处理等电路,提高了光电灵敏度,减小了噪声,扩大了动态范围,使它的一些性能参数与 CCD 图像传感器相接近,但功能、功耗、尺寸和价格等方面要优于 CCD 图像传感器,所以应用越来越广泛。例如数码相机、摄像机、可拍照手机、可视门铃、PC 机的微型摄像头、指纹鉴定等。此外,CMOS 图像传感器还被用于医学诊断方面,如药丸式摄像机(camera-in-a-pill)。

1. CMOS 的像元结构

CMOS 的像敏单元分为被动像敏单元结构和主动像敏单元结构。

被动式像敏单元结构(passive pixel sensor,PPS)只包含光电二极管和地址选通开关。图 7-34 所示的为被动式像敏单元结构及信号读出时序脉冲图。首先,复位脉冲启动复位操作,光敏二极管的输出电压被置 0;接着光敏二极管开始光信号的积分;当积分工作结束时,选址脉冲启动选址开关,光敏二极管中的信号便传输到列总线上;然后经过公共放大器放大后输出。

被动像敏单元结构的缺点是固定图案噪声(FPN)大和图像信号的信噪比较低。前者是由各像敏单元的选址模拟开关的压降差异引起的;后者是由选址模拟开关的暗电流噪声产生的。因此,这种结构已经被淘汰。

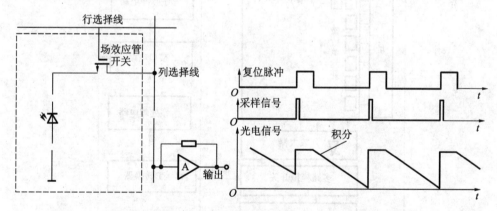

图 7-34　被动式像敏单元结构及图像信号读出时序脉冲

主动像敏单元结构是当前得到实际应用的结构。它与被动像敏单元结构的最主要区别是,在每个像敏单元都经过放大后,才通过场效应管模拟开关传输,所以固定图案噪声大为降低,图像信号的信噪比显著提高。

图 7-35 所示的为主动式像敏单元结构图,场效应管 VT_1 构成光电二极管的负载,它的栅极接在复位信号线上。当复位脉冲出现时,VT_1 导通,光电二极管被瞬时复位;而当复位

脉冲消失后,VT_1 截止,光电二极管开始积分光信号。VT_2 为源极跟随器,它将光电二极管的高阻抗输出信号进行电流放大。VT_3 用作选址模拟开关,当选通脉冲到来时,VT_3 导通,使被放大的光电信号输送到列总线上,信号输出。

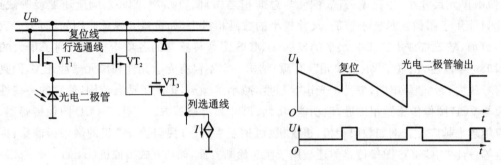

图 7-35　主动式像敏单元结构及图像信号读出时序脉冲

2. CMOS 图像传感器的组成及工作原理

CMOS 图像传感器的主要组成部分是像敏单元阵列和 MOS 场效应管集成电路,而且这两部分是集成在同一硅片上的。像敏单元阵列由光电二极管阵列构成。如图 7-36 中所示的像敏单元阵列按 X 和 Y 方向排列成方阵,方阵中的每一个像敏单元都有它在 X、Y 各方向上的地址,并可分别由两个方向的地址译码器进行选择;输出信号送 A/D 转换器进行模/数转换变成数字信号输出。

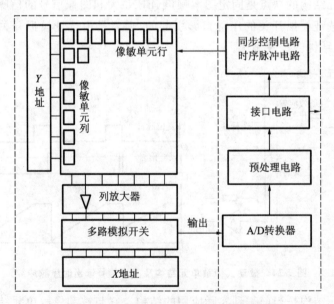

图 7-36　CMOS 图像传感器结构组成框图

CMOS 图像传感器工作原理如图 7-37 所示,在 Y 方向地址译码器(可以采用移位寄存器)的控制下,依次序接通每行像敏单元上的模拟开关(图中标志的 $S_{i,j}$),信号将通过行开关传送到列线上;通过 X 方向地址译码器(可以采用移位寄存器)的控制,输送到放大器。

由于信号经行与列开关输出,因此,可以实现逐行扫描或隔行扫描的输出方式。也可以只输出某一行或某一列的信号。

在 CMOS 图像传感器的同一芯片中,还可以设置其他数字处理电路,例如,可以进行自动曝光处理、非均匀性补偿、白平衡处理、γ 校正、黑电平控制等处理,甚至将具有运算和可编程功能的 DSP 器件制作在一起形成多种功能器件。

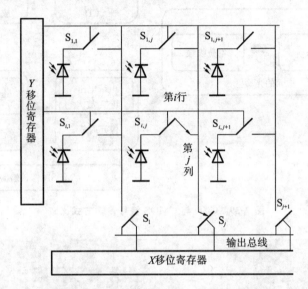

图 7-37 CMOS 图像传感器工作原理示意图

3. CMOS 与 CCD 的性能比较

1)像元结构不同

由图 7-38 很容易发现,同样大小的像元结构,CCD 拥有比 CMOS 更大的感光单元。对于成像器件而言,更大的感光单元意味着更好的成像质量。

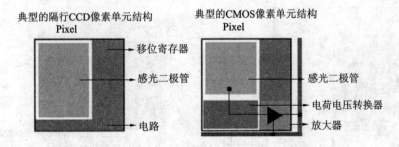

图 7-38 CCD 与 CMOS 像元结构示意图

2)信号传输形式不同

由图 7-39 可知,CCD 是典型的以电荷作为传输信号的器件,而 CMOS 在传输信号时需要将电荷信号转换成电压信号进行传输。下面以行间转移型面阵 CCD 的工作过程(见图 7-40)与 CMOS 图像传感器(见图 7-41)做对比。

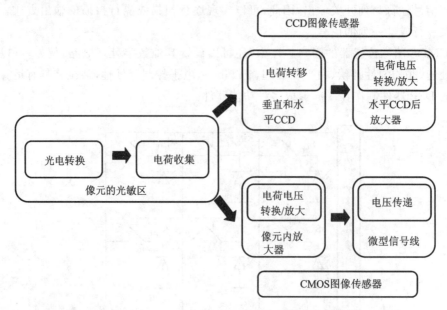

图 7-39　CCD 与 CMOS 信号传输方式比较

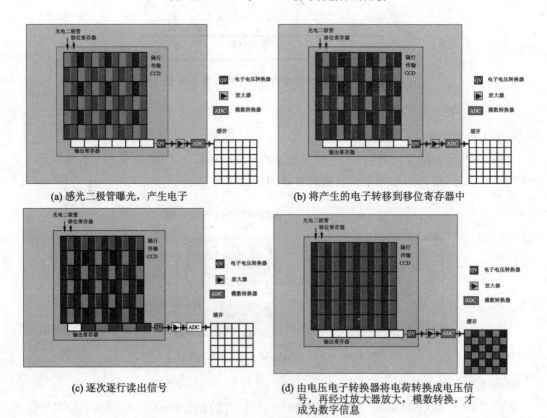

(a) 感光二极管曝光，产生电子

(b) 将产生的电子转移到移位寄存器中

(c) 逐次逐行读出信号

(d) 由电压电子转换器将电荷转换成电压信号，再经过放大器放大，模数转换，才成为数字信息

图 7-40　行间转移型面阵 CCD 工作过程

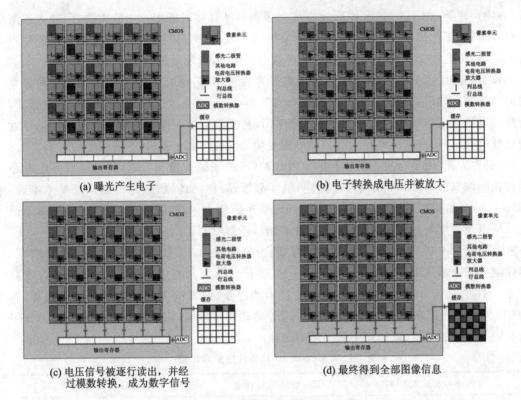

(a) 曝光产生电子　　　　　　　　　(b) 电子转换成电压并被放大

(c) 电压信号被逐行读出，并经　　　　(d) 最终得到全部图像信息
过模数转换，成为数字信号

图 7-41　典型 CMOS 器件工作过程

3）CCD 与 CMOS 各方面差异比较

（1）原理差异：CMOS 的信号是以点为单位的电荷信号，而 CCD 的信号是以行为单位的电荷信号，前者更为敏感，速度也更快，更为省电。

（2）灵敏度差异：由于 CMOS 传感器的每个像素由四个晶体管与一个感光二极管构成（含放大器与 A/D 转换电路），使得每个像素的感光区域远小于像素本身的表面积，因此在像素尺寸相同的情况下，CMOS 传感器的灵敏度要低于 CCD 传感器。

（3）成本差异：CMOS 传感器采用一般半导体电路最常用的 CMOS 工艺，可以轻易地将周边电路（如 AGC、CDS、Timing generator 或 DSP 等）集成到传感器芯片中，因此可以节省外围芯片的成本；除此之外，由于 CCD 采用电荷传递的方式传送数据，只要其中有一个像素不能运行，就会导致一整排的数据不能传送，因此控制 CCD 传感器的成品率比控制 CMOS 传感器的成品率更困难，即使有经验的厂商也很难在产品问市的半年内突破 50% 的水平，因此，CCD 传感器的成本高于 CMOS 传感器的。

（4）分辨率差异：如上所述，CMOS 传感器的每个像素都比 CCD 传感器的复杂，其像素尺寸很难达到 CCD 传感器的水平，因此，当比较相同尺寸的 CCD 与 CMOS 传感器时，CCD 传感器的分辨率通常会优于 CMOS 传感器的水平。例如，210 万像素的 OV2610 CMOS 传感器，其尺寸为 1/2 英寸（1 英寸≈2.54 厘米，下同），像素尺寸为 4.25 μm，但 Sony 在 2002 年 12 月推出的 ICX452，其尺寸与 OV2610 的相差不多（约为 1/1.8 英寸），但分辨率却能高达 513 万像素，像素尺寸也只有 2.78 μm 的水平。

(5)噪声差异：由于 CMOS 传感器的每个感光二极管都需搭配一个放大器，而放大器属于模拟电路，很难让每个放大器所得到的结果保持一致，因此与只有一个放大器放在芯片边缘的 CCD 传感器相比，CMOS 传感器的噪声就会强很多，影响图像品质。

(6)功耗差异：CMOS 传感器的图像采集方式为主动式，感光二极管所产生的电荷会直接由晶体管放大输出，但 CCD 传感器为被动式采集，需外加电压让每个像素中的电荷移动，而此外加电压通常需要达到 12～18 V；因此，CCD 传感器除了在电源管理电路设计上的难度更高之外(需外加功率集成电路)，高驱动电压更使其功耗远高于 CMOS 传感器的水平。

(7)成像方面：由于自身物理特性的原因，CMOS 的成像质量和 CCD 的还是有一定差距的。在相同像素下，CCD 的成像通透性、明锐度都很好，色彩还原、曝光可以保证基本准确。而 CMOS 的产品往往通透性一般，对实物的色彩还原能力偏弱，曝光也都不太好，但由于低廉的价格以及高度的整合性，CMOS 在摄像头领域还是得到了广泛的应用。

表 7-1 为 CMOS 与 CCD 的各项性能参数，由表中可知，CCD 传感器在灵敏度、分辨率、噪声控制等方面都优于 CMOS 传感器，而 CMOS 传感器则具有成本低、功耗低及整合度高的特点。不过，随着 CCD 与 CMOS 传感器技术的进步，两者的差异有逐渐缩小的趋势，例如，CCD 传感器一直在功耗上做改进，以应用于移动通信市场；CMOS 传感器则在改善分辨率与灵敏度方面的不足，以应用于更高端的图像产品。

表 7-1　CMOS 与 CCD 各性能参数比较

性能指标	CMOS 图像传感器	CCD 图像传感器
暗电流/(pA/m^2)	10～100	10
电子-电压转换率	大	略小
动态范围	略小	大
响应均匀性	较差	好
读出速度/(Mpx/s)	1000	70
偏置、功耗	小	大
工艺难度	小	大
信号输出方式	x-y 寻址，可随机采样	顺序逐个像元输出
集成度	高	低
应用范围	低端、民用	高端、军用、科学研究
性价比	高	略低
成像质量	一般	好

思考与练习

1.简述 CCD 的电荷耦合原理，分析电荷信号是如何由一个电极传递到下一个电极下方的？

2.二相驱动 CCD，像元数为 $N=1024$，若要求最后位仍有 50% 的电荷输出，求电荷的转

移损失率 ε 为多少?

3.已知 CCD 中的四相时钟驱动信号中的一路信号,试将另外三路信号图补充完整(信号传输方向 $\Phi_4 \rightarrow \Phi_3 \rightarrow \Phi_2 \rightarrow \Phi_1$)。

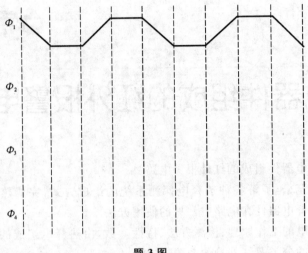

题 3 图

4.试分析单侧线阵 CCD 与双侧线阵 CCD 的异同点。若现在需拍摄像素高于 256 位的照片,应选用何种线阵 CCD? 为什么?

5.对比 CCD 和 CMOS 最小单元有何不同? 两者之间的不同点有哪些?

项目 8

热释电器件组成的红外报警电路

项目名称:热释电器件组成的红外报警电路。

项目分析:由简至繁,了解各种热释电探测系统的组成方式,完成热释电器件组成的红外报警电路,了解热释电器件在电路中常见的使用方法。

相关知识:热释电的工作原理、检测方法、特性参数,由热释电组成的其他红外检测电路及分析,热电探测器的分类及红外检测系统。

任务 1　热释电器件简单人体检测电路

1. 电路原理图

图 8-1 所示的为由热释电器件组成的简单的人体检测电路。

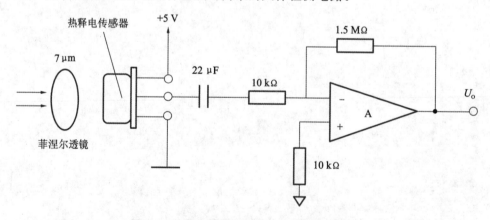

图 8-1　热释电器件组成的简单人体检测电路

2. 电路分析

热释电器件是一种性能优良的红外传感器,在接收到人体发出的红外线信号后,可将红外信号转换成电信号。但该电信号输出比较微弱,需要通过各种放大电路将该信号放大。图中所示热释电器件的输出端接入运算放大器,经过运算放大器放大之后的信号 U_o 可以用作检测电路的输出。

任务 2 多级放大的热释电人体检测开关电路

1. 电路原理图

其电路原理如图 8-2 所示。

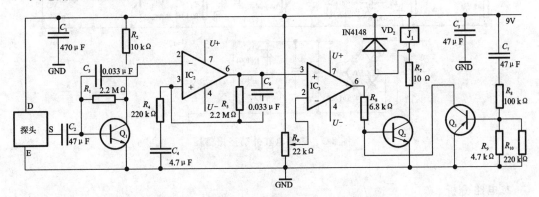

图 8-2 多级放大的热释电人体检测开关电路

2. 电路分析

如图 8-2 所示,倘若一级运算放大器的输出电压仍然较小,可以运用运算放大器进行多级级联放大热释电器件的输出信号。

热释电探头接收到人体释放的红外信号,经过三极管 Q_1、运算放大器 IC_2 两级放大,输入电压比较器 IC_3。R_P 为调节参考电压的电位器,用来调节电路灵敏度,也就是检测范围。无红外信号时,参考电压 IC_3 的 2 脚电压高于 IC_3 的 3 脚电压(IC_2 的输出电压),IC_3 的 6 脚输出低电平。当有人进入探测范围时,探头输出探测电压,经 Q_1 和 IC_2 放大后使信号输出电压高于参考电压,这时 IC_3 的 6 脚输出高电平,三极管 Q_2 导通,继电器 J_1 能通电吸合,接通开关。电路中 Q_3、C_7、$R_8 \sim R_{10}$ 组成开机延时电路。当开机时,开机人的感应会使 IC_3 输出高电平,造成误触发,由电容 C_7 的充电作用而使 Q_3 导通,这样就使 IC_3 输出的高电平经 Q_3 通地,Q_2 可以保持截止状态,防止了开机误触发。开机延时由 C_7 与 R_8 的时间常数决定。IC_2 和 IC_3 可以选用高输入阻抗的运算放大器 CA3140,很适合作为微弱信号的放大级。继电器 J_1 可以控制后续的开关电路,如报警、控制电动机等。下面来实现一个完整的报警系统。

任务 3 热释电红外防盗报警器

1. 电路原理图

热释电红外防盗报警器如图 8-3 所示。

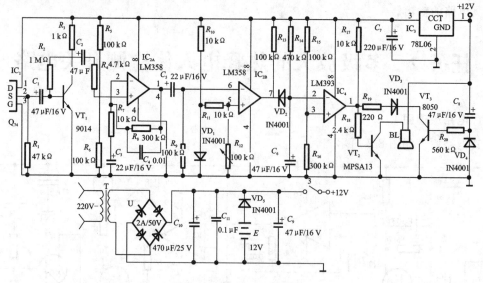

图 8-3　热释电红外防盗报警器

2. 电路分析

　　该装置由热释电传感器、信号放大电路、电压比较器、延时电路和音响报警电路等组成。热释电传感器 IC_1 探测到前方人体辐射出的红外线信号时,由 IC_1 的 2 脚输出微弱的电信号,经三极管 VT_1 等组成第一级放大电路放大,再通过 C_2 输入运算放大器 IC_{2A} 中进行高增益、低噪声放大,此时由 IC_{2A} 的 1 脚输出的信号已足够强。IC_{2B} 作为电压比较器,它的第 5 脚由 R_{10}、VD_1 提供基准电压,当 IC_{2A} 的 1 脚输出的信号电压到达 IC_{2B} 的 6 脚时,两个输入端的电压进行比较,此时 IC_{2B} 的 7 脚由原来的高电平变为低电平。IC_4 为报警延时电路,R_{14} 和 C_6 组成延时电路,其时间约为 1 min。当 IC_{2B} 的 7 脚变为低电平时,C_6 通过 VD_2 放电,此时 IC_4 的 2 脚变为低电平,它与 IC_4 的 3 脚基准电压进行比较,当它低于其基准电压时,IC_4 的 1 脚变为高电平,VT_2 导通,讯响器 BL 通电发出报警声。人体的红外线信号消失后,IC_{2B} 的 7 脚又恢复高电平输出,此时 VD_2 截止。由于 C_6 两端的电压不能突变,故通过 R_{14} 向 C_6 缓慢充电,当 C_6 两端的电压高于其基准电压时,IC_4 的 1 脚才变为低电平,时间约为 1 min,即持续1 min 报警。

　　由 VT_3、R_{20}、C_8 组成开机延时电路,延时时间也约为 1 min。它的设置主要是防止使用者开机后立即报警,好让使用者有足够的时间离开监视现场,同时可防止停电后又来电时产生误报。该装置采用 9～12 V 直流电源供电,由 T 降压,全桥 U 整流,C_{10} 滤波,检测电路采用 IC_3 78L06 供电,交直流两用,自动无间断转换。

　　IC_1 采用热释电器件 Q_{74},波长为 9～10 μm。IC_2 采用运放 LM358,具有高增益、低功耗。IC_4 为双电压比较器 LM393,具有低功耗、低失调电压。其中 C_2、C_5 一定要用漏电极小的钽电容,否则调试会受到影响。R_{12} 是调整灵敏度的关键元件,应选用线性高精度密封型电阻。

　　制作时,在 IC_1 传感器的端面前安装菲涅尔透镜,因为人体的活动频率范围为 0.1～10 Hz,需要用菲涅尔透镜对人体活动频率倍增。安装无误,接上电源进行调试,让一个人在探测器前方 7～10 m 处走动,调整电路中的 R_{12},使讯响器报警即可。其他部分只要元器件质量良好且焊接无误,几乎不用调试就可正常工作。本机静态工作电流约 10 mA,接通电源约 1 min 后进入守候状态,只要有人进入监视区便会报警,人离开后约 1 min 停止报警。如果将讯响器改为继电器驱动其他装置,即可作为其他控制用。

任务 4 用芯片 BISS0001 驱动热释电传感器的电路

1. 关于 BISS0001 芯片

BISS0001 是一款高性能的传感信号处理集成电路,其管脚功能参见表 8-1。静态电流极小,配以热释电红外传感器和少量外围元器件即可构成被动式的热释电红外传感器,广泛用于安防、自控等领域等。

表 8-1 BISS0001 管脚功能表

引脚	名称	I/O	功 能 说 明
1	A	I	可重复触发和不可重复触发选择端。当 A 为"1"时,允许重复触发;反之,不可重复触发
2	U_O	O	控制信号输出端。由 U_S 的上跳变沿触发,使 U_O 输出从低电平跳变到高电平时视为有效触发。在输出延迟时间 T_x 之外和无 U_S 的上跳变时,U_O 保持低电平状态
3	RR_1	—	输出延迟时间 T_x 的调节端
4	RC_1	—	输出延迟时间 T_x 的调节端
5	RC_2	—	触发封锁时间 T_i 的调节端
6	RR_2	—	触发封锁时间 T_i 的调节端
7	U_{SS}	—	工作电源负端
8	U_{RF}	I	参考电压及复位输入端。通常接 U_{DD},当接"0"时可使定时器复位
9	U_C	I	触发禁止端。当 $U_C < U_R$ 时禁止触发;当 $U_C > U_R$ 时允许触发($U_R \approx 0.2U_{DD}$)
10	I_B	—	运算放大器偏置电流设置端
11	U_{DD}	—	工作电源正端
12	2OUT	O	第二级运算放大器的输出端
13	2IN$^-$	I	第二级运算放大器的反相输入端
14	1IN$^+$	I	第一级运算放大器的同相输入端
15	1IN$^-$	I	第一级运算放大器的反相输入端
16	1OUT	O	第一级运算放大器的输出端

BISS0001 是由运算放大器、电压比较器、状态控制器、延迟时间定时器以及封锁时间定时器等构成的数模混合专用集成电路,内部电路如图 8-4 所示。使用时,根据实际需要,利用运放 OP_1 组成传感信号预处理电路,将信号放大。然后耦合给运放 OP_2,再进行第二级放大,同时将直流电位抬高为 U_M(约为 $0.5U_{DD}$)后,将输出信号 U_2 送到由比较器 COP_1 和 COP_2 组成的双向鉴幅器,检出有效触发信号 U_S。

由于 $U_H \approx 0.7U_{DD}$,$U_L \approx 0.3U_{DD}$,所以,当 $U_{DD} = 5$ V 时,可有效抑制 ±1 V 的噪声干扰,提高系统的可靠性。COP_3 是一个条件比较器。当输入电压 $U_C > U$ 时,COP_3 输出为高电平,进入延时周期。当 A 端接"0"电平时,在 T_x 时间内任何 U_2 的变化都被忽略,直至 T_x 时间结束,即所谓不可重复触发工作方式。当 T_x 时间结束时,U_O 下跳回低电平,同时启动封锁时间定时器而进入封锁周期 T_i。在 T_i 时间内,任何 U_2 的变化都不能使 U_O 跳变为有效状态(高电平),可有效抑制负载切换过程中产生的各种干扰。

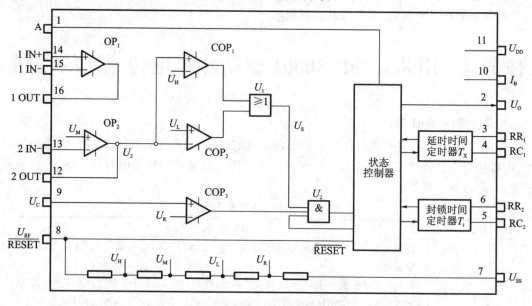

图 8-4 BISS0001 内部电路图

2. 典型电路

BISS0001 的典型应用电路如图 8-5 所示。R_3 为光敏电阻,用来检测环境照度。当作为照明控制时,若环境较明亮,R_3 的电阻值会降低,使 9 脚的输入保持为低电平,从而封锁触发信号 U_S。SW_1 是工作方式选择开关,当 SW_1 与 1 端连通时,芯片处于可重复触发工作方式;

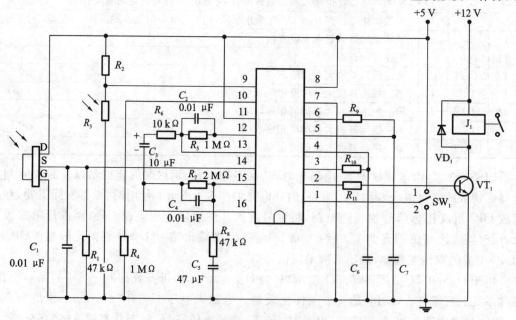

图 8-5 BISS0001 典型应用电路

当 SW_1 与 2 端连通时,芯片则处于不可重复触发工作方式。图中 R_6 可以调节放大器增益的大小,可选 3～10 kΩ,实际使用时可以用 3 kΩ,以提高电路增益、改善电路性能。输出延迟时间 T_x 由外部的 R_9 和 C_7 的大小调整,触发封锁时间 T_i 由外部的 R_{10} 和 C_6 的大小调整,R_9、R_{10} 可以用 470 Ω,C_6/C_7 可以选 0.1 V。输出延迟时间 T_x 由外部的 R_9 和 C_7 的大小调整,值为 $T_x \approx 24576 \times R_9 C_7$;触发封锁时间 T_i 由外部的 R_{10} 和 C_6 的大小调整,值为 $T_i \approx 24 \times R_{10} C_6$。

任务 5 热释电传感器

1. 热释电效应

热释电探测器是一种性能优良的热电探测器,能够将探测到的热信号(红外信号)迅速转化为电信号。而完成这一转换主要基于热释电效应。热释电型红外探测器是由具有极化现象的热释电晶体(或称铁电体)制作的。热释电晶体是压电晶体中的一种,具有非中心对称的晶体结构。自然状态下,在某个方向上正负电荷中心不重合,在晶体表面形成一定量的极化电荷,称为自发极化,如图 8-6(a)所示。晶体温度变化时,可引起晶体正负电荷中心发生位移,因此表面上的极化电荷即随之变化。铁电体的极化强度(单位表面积上的束缚电荷)与温度有关。通常其表面俘获大气中的浮游电荷而保持电平衡状态,如图 8-6(b)所示。处于电平衡状态的铁电体,当红外线照射到其表面上时,引起铁电体(薄片)温度迅速升高,极化强度很快下降,束缚电荷急剧减少;而表面浮游电荷变化缓慢,跟不上铁电体内部的变化。从温度变化引起极化强度变化到在表面重新达到电平衡状态的极短时间内,在铁电体表面有多余浮游电荷的出现,这相当于释放出一部分电荷,如图 8-6(c)所示,这种现象称为热释电效应。依据这个效应工作的探测器称为热释电型探测器。

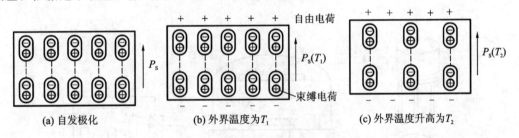

(a) 自发极化   (b) 外界温度为 T_1 (c) 外界温度升高为 T_2

图 8-6 热释电效应的产生过程

由于自由电荷中和面束缚电荷所需时间较长,大约需要数秒以上,而晶体自发极化的弛豫时间很短,约为 10^{-12} s,因此热释电晶体可响应快速的温度变化。如果将负载电阻与铁电体薄片相连,则在负载电阻上便会产生一个电信号输出。输出信号的大小取决于薄片温度变化的快慢,从而反映出入射红外辐射的强弱。温度恒定时,因晶体表面吸附周围空气中的异性电荷,观察不到它的自发极化现象。当温度变化时,晶体表面的极化电荷则随之变化,而它周围的吸附电荷因跟不上它的变化,电量失去平衡,这时即显现出晶体的自发极化现象。这一过程的平均作用时间为 $\tau = \varepsilon \sigma$。式中:$\varepsilon$ 为晶体的介电系数;σ 为晶体的电导率。故而所探测的辐射必须是变化的,且只有辐射的调制频率 $f > 1/\tau$ 时才有输出。因此,对于恒定的红外辐射,必须进行调制(或称斩光),使恒定辐射变成交变辐射,不断引起探测器的温度变化,才能导致热释电产生,并输出相应的电信号。

2. 热释电器件

常用的热释电红外线光敏元件的材料有陶瓷氧化物和压电晶体,如钛酸钡、钽酸锂、硫酸三甘肽及钛铅酸铅等。

热释电红外传感器内部由光学滤镜、场效应管、红外感应源(热释电元件)、偏置电阻、EMI 电容等元器件组成,其内部电路如图 8-7 所示。

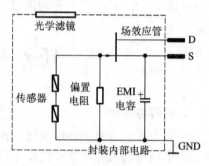

光学滤镜的主要作用是只允许波长在 10 μm 左右的红外线即人体发出的红外线通过,而将灯光、太阳光及其他辐射滤掉,以抑制外界的干扰。红外感应源通常由两个串联或者并联的热释电元件组成,这两个热释电元件的电极相反,环境背景辐射对两个热释电元件几乎具有相同的作用,使其产生的热释电效应相互抵消,输出信号接近为零。一旦有人侵入探测区域内,人体红外

图 8-7 热释电传感器的内部结构框图

辐射通过部分镜面聚焦,并被热释电元件接收,由于角度不同,两片热释电元件接收到的热量不同,热释电能量也不同,不能完全抵消,经处理电路处理后输出控制信号。

3. 热释电红外传感器常用型号

目前常用的热释电红外传感器型号主要有 P228、LHI958、LHI954、RE200B、KDS209、PIS209、LHI878、PD632 等。热释电红外传感器通常采用 3 引脚金属封装,各引脚分别为电源供电端(内部开关管 D 极,DRAIN)、信号输出端(内部开关管 S 极,SOURCE)、接地端(GROUND)。传感器使用时,D 端接电源正极,G 端接电源负极,S 端为信号输出端。常见的热释电红外传感器外形及内部结构如图 8-8 所示。

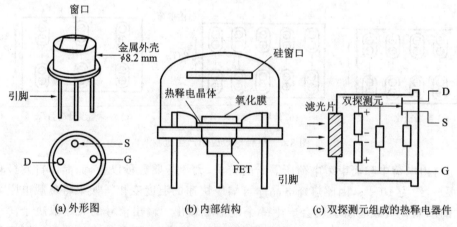

(a) 外形图   (b) 内部结构   (c) 双探测元组成的热释电器件

图 8-8 热释电器件结构图

4. 热释电红外传感器的主要参数

热释电红外传感器的主要工作参数有:

①工作电压:常用的热释电红外传感器工作电压范围为 3~15 V。

②工作波长:通常为 7.5~14 μm。

③源极电压:通常为 0.4~1.1 V,$R=47$ kΩ。

④输出信号电压:通常大于 2.0 V。

⑤检测距离:常用热释电红外传感器检测距离为 6~10 m。

⑥水平角度:约为 120°。

⑦工作温度范围:−10~+40 ℃。

5. 菲涅尔透镜

热释电器件用于探测变化的温度信号,对于恒定的温度信号需要进行斩光或者调制。而将热释电器件用于人体或者动物运动检测时,需要将热释电器件与菲涅尔透镜配合使用。

菲涅尔透镜用聚乙烯塑料片制成,颜色为乳白色或黑色,呈半透明状,但对波长为 10 μm 左右的红外线来说却是透明的(人体或者体积较大的动物都有恒定的体温,一般在 37 ℃,所以会发出特定波长(10 μm 左右)的红外线)。其外形为半球,如图 8-9(a)~(d)所示,平面图形如图 8-9(e)所示。从图中可以看出,透镜在水平方向上分成 3 个部分,每一部分在竖直方向上又等分成若干不同的区域。最上面部分的每一等份为一个透镜单元,它们由一个个同心圆构成,同心圆圆心在透镜单元内。中间和下半部分的每一等份也分别为一个透镜单元,同样由同心圆构成,但同心圆圆心不在透镜单元内。当光线通过这些透镜单元后,就会形成明暗相间的可见区和盲区。每一个透镜单元只有一个很小的视角,视角内为可见区,视角外为盲区。任何两个相邻透镜单元之间均以一个盲区和可见区相间隔,它们断续而不重叠和交叉,如图 8-9(f)所示。这样,当把透镜放在传感器正前方的适当位置时,运动的人体一旦出现在透镜的前方,人体辐射出的红外线通过透镜后在传感器上形成不断交替变化的阴影区(盲区)和明亮区(可见区),使传感器表面的温度不断发生变化,从而输出电信号。也可以这样理解,人体在检测区内活动时,离开一个透镜单元的视场之后,立即进入另一个透镜单元视场(因为相邻透镜单元之间相隔很近),传感器上就出现随人体移动的盲区和可见区,导致传感器的温度变化,而输出电信号。菲涅尔透镜不仅可以形成可见区和盲区,还有聚焦作用,其焦距一般为 5 cm 左右,实际应用时,应根据实际情况或资料提供的说明调整菲涅尔透镜与传感器之间的距离,一般把透镜固定在传感器正前方 1~5 cm 的地方。

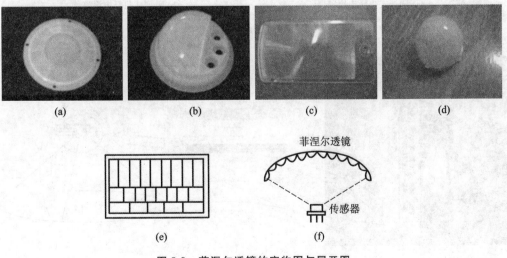

图 8-9　菲涅尔透镜的实物图与展开图

透镜与热释电红外探测器配合,可以提高传感器的探测范围。实验证明,如果不安装菲涅尔透镜,传感器探测距离为 2 m 左右,而安装透镜后有效探测距离可达 10～15 m,甚至更远,如图 8-10 所示。这是因为移动的人体或物体发射的红外线进入透镜后,会产生交替出现的红外辐射盲区和高敏感区,从而形成一系列光脉冲进入传感器,该光脉冲会不断地改变热释电晶体的温度,使其输出一串脉冲信号。

假如人体静止站立在透镜前,传感器无输出信号。

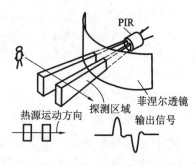

图 8-10　菲涅尔透镜与热释电器件配合使用

6. 热释电器件的实际应用

由于热释电器件对于人体动作的探测准确度高,响应速度快,故被广泛应用于各个领域。图 8-11 所示的是热释电器件组成的两类报警器,图 8-12 所示的是用于走廊或者门厅的自动感应灯,图 8-13 所示的是智能空调通过热释电器件感应人体所在方位,自动调节空调的出风方向等。热释电器件还广泛应用于工业、气象、航空等领域。

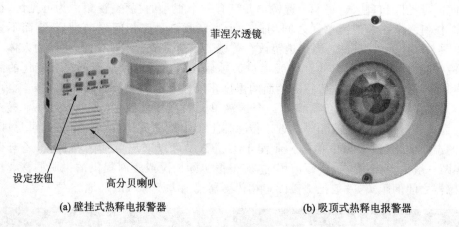

(a) 壁挂式热释电报警器　　　　　　　　　　　　　(b) 吸顶式热释电报警器

图 8-11　热释电红外报警器

图 8-12　热释电自动感应灯

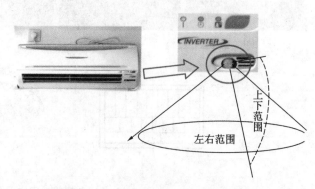

图 8-13　热释电器件应用于智能空调

任务 6 其他红外探测器

1. 红外探测器

红外探测器是能将红外辐射能转换为电能的光电器件,它是红外探测系统的关键部件,也称红外传感器。红外探测器工作的物理过程是当器件吸收辐射通量时产生温升,温升引起材料各种有赖于温度的参数的变化。监测其中一种性能的变化,可以探知辐射的存在和强弱。它在科学研究、军事工程和医学方面有着广泛的应用,例如红外测温、红外成像、红外遥感、红外制导等。

红外辐射俗称红外线(IR),它与其他光线一样,也是一种客观存在的物质,是一种人眼看不见的光线。任何物体,只要它的温度高于绝对零度(−273 ℃),就会有红外线向周围空间辐射。

红外线的波长范围为 $0.76 \sim 1000 \ \mu m$,如图 8-14 所示,相对应的频率在 $4 \times 10^{14} \sim 3 \times 10^{11}$ Hz。红外线与可见光、紫外线、X-射线、γ-射线和微波、无线电波一起构成了整个无限连续电磁波谱。在红外技术中,一般将红外辐射分为 4 个区域,即近红外区($0.7 \sim 3 \ \mu m$)、中红外区($3 \sim 6 \ \mu m$)、远红外区($6 \sim 16 \ \mu m$)和极远红外区(大于 16 μm)。这里所说的远、中、近是指红外辐射在电磁波谱中与可见光的距离。红外辐射的物理本质是热辐射。物体的温度越高,辐射出来的红外线越多,辐射出的能量就越强。太阳光谱各种单色光的热效应从紫色光到红色光是逐渐增大的,而且最大的热效应出现在红外辐射的频率范围之内,因此人们又将红外辐射称为热辐射或热射线。波长在 $0.1 \sim 1000 \ \mu m$ 的电磁波被物体吸收时,可以显著地转变为热能。

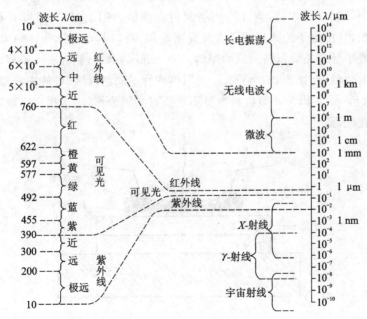

图 8-14 电磁波谱图

红外探测器能将红外辐射能转换成电能,是红外探测系统的关键部件。它的性能好坏,直接影响系统性能的优劣。因此,选择合适的、性能良好的红外探测器,对红外探测系统是十分重要的。常见的红外探测器有热探测器和光子探测器两大类。

热探测器是利用探测元件吸收入射的红外辐射能量而引起温升,在此基础上借助各种物理效应把温升转变成电量的一种探测器。热探测器光电转换的过程分为两步:第一步是热探测器吸收红外辐射引起温升,这一步对各种热探测器都一样;第二步利用热探测器某些温度效应把温升转变成电量的变化。根据热效应的不同,可把热探测器分为测辐射热计、测辐射热电偶和热电堆、热释电探测器和高莱管(气动型)。

热探测器与前面讲述的各种光电器件相比具有下列特性:

(1)响应率与波长无关,属于无选择性探测器;

(2)受热时间常数(热惯性)的制约,响应速度比较慢;

(3)热探测器的探测率比光子探测器的峰值探测率低;

(4)可在室温下工作。

2. 热敏电阻型探测器

热敏电阻有金属和半导体两种。金属热敏电阻,温度系数多为正的,绝对值比半导体的小,它的阻值与温度的关系基本上是线性的,耐高温能力较强,所以多用于温度的模拟测量。而半导体热敏电阻,温度系数多为负的,绝对值比金属的大十多倍,它的阻值与温度的关系是非线性的,耐高温能力较差,所以多用于辐射探测,如防盗报警、防火系统、热辐射体搜索和跟踪等。

热敏电阻包括正温度系数(PTC)型、负温度系数(NTC)型和临界温度系数(CTC)型三类。常见的是 NTC 型热敏电阻,这种热敏电阻是由锰、镍、钴的氧化物混合后烧结而制成的。热敏电阻一般制成薄片状,当红外辐射照射在热敏电阻上时,其温度升高,内部粒子的无规律运动加剧,自由电子的数目随温度升高而增加,所以其电阻减小。热敏电阻的灵敏面是一层由金属或半导体热敏材料制成的厚约 0.01 mm 的薄片,粘在一个绝缘的衬底上,衬底又粘在一金属散热器上,如图 8-15 所示。使用热特性不同的衬底,可使探测器的时间常数由大约 1 ms 变到 50 ms。因为热敏材料本身不是很好的吸收体,为了提高吸收系数,灵敏面表面都要进行黑化处理。

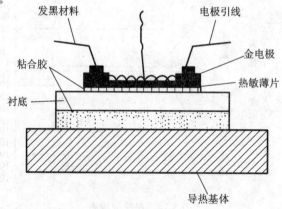

图 8-15 热敏电阻结构示意图

3. 热电偶型红外探测器

热电偶也称温差电偶,是最早出现的一种热电探测器件,其工作原理是热电效应。由两种不同的导体材料构成接点,在接点处可产生电动势。这个电动势的大小和方向与该接点处两种不同的导体材料的性质和两接点处的温差有关。如果把这两种不同的导体材料接成回路,当两个接头处温度不同时,回路中即产生电流。这种现象称为热电效应。热电偶接收辐射的一端称为热端,另一端称为冷端。

为了提高吸收系数,在热端都装有涂黑的金箔。构成热电偶的材料既可以是金属,也可以是半导体;在结构上既可以是线、条状的实体,也可以是利用真空沉积技术或光刻技术制成的薄膜。实体型的温差电偶多用于测温,薄膜型的温差电堆(由许多个温差电偶串联而成)多用于测量辐射。例如,用来标定各类光源,测量各种辐射量,作为红外分光光度计或红外光谱仪的辐射接收元件等。温差电偶和温差电堆的原理性结构如图 8-16 所示。当红外辐射照射到热电偶热端时,该端温度升高,而冷端温度保持不变。此时,在热电偶回路中将产生热电势,热电势的大小反映了热端吸收红外辐射的强弱。

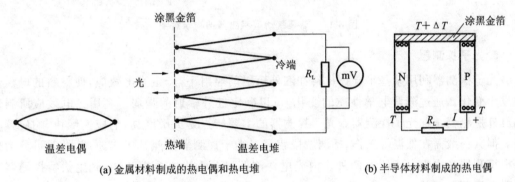

(a) 金属材料制成的热电偶和热电堆　　　　　　(b) 半导体材料制成的热电偶

图 8-16　温差热电偶和热电堆

热电偶型红外探测器的时间常数较大,所以响应时间较长,动态特性较差,被测辐射变化频率一般应在 10 Hz 以下。在实际应用中,往往将几个热电偶串联起来组成热电堆来检测红外辐射的强弱。

4. 高莱气动型探测器

高莱气动型探测器又称高莱(Golay)管,是高莱于 1947 年发明的。它是利用气体吸收红外辐射能量后,温度升高、体积增大的特性,来反映红外辐射的强弱。其结构原理如图 8-17 所示。高莱管有一个气室,以一个小管道与一块柔性薄片相连。高莱气动型探测器的工作过程是,调制辐射通过窗口射到气室的吸收薄膜上,引起薄膜温度的周期变化。温度的变化又引起气室内氙气的膨胀和收缩,从而使气室另一侧的柔镜产生膨胀和收缩;另一方面,可见光光源发出的光通过聚光镜、光栅、新月形透镜的上半边聚焦到柔镜(外部镀反射膜的弹性薄膜)上,再通过它们的下半边聚焦到光电探测器上。高莱气动型探测器的设计思想是:当没有红外辐射入射时,上半边光栅的不透光栅线刚好成像到下半边光栅透光的栅线上,而上半边的透光栅线刚好成像到下半边光栅不透光栅线上,于是没有光量透过下半光栅射到光电探测器上,因此输出结果就是零。而当有调制的红外辐射入射时,柔镜将发生周期性的膨胀与收缩,光栅栅线像移位,于是就有光射到光电探测器上,并且射入光通量的大小与入射辐通量成正比。高莱管使用的调制频率比较低,一般小于 20 Hz,等效噪声功率 NEP 的范围为 $5 \times 10^{-11} \sim 10^{-9}$ W,时间常数约 20 ms。

这种探测器的特点是灵敏度高,性能稳定,但响应时间长,结构复杂,强度较差,只适合于实验室内使用。

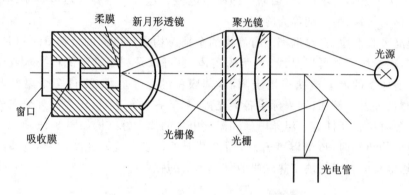

图 8-17　高莱气动型探测器结构示意图

5. 光子探测器

光子探测器利用某些半导体材料在红外辐射的照射下,产生光电效应,使材料的电学性质发生变化。通过测量电学性质的变化,可以确定红外辐射的强弱。利用光电效应所制成的红外探测器统称光子探测器。光子探测器的主要特点是灵敏度高,响应速度快,响应频率高。但其一般需在低温下工作,探测波段较窄。光子探测器按照其工作原理,一般可分为外光电探测器和内光电探测器两种。内光电探测器又分为光电导探测器、光生伏特探测器和光磁电探测器三种。

任务 7　红外探测器的应用

1. 红外测温

红外测温有好几种方法,最常用的是全辐射测温。全辐射测温是测量物体所辐射出来的全波段辐射能量以得到物体的温度。红外测温原理是斯忒藩-玻耳兹曼定律。由黑体辐射定律可知,黑体的总辐射出射度与其温度的 4 次方成正比,因此可以通过测量物体辐射出射度来计算出物体的温度。

红外测温是比较先进的测温方法,广泛应用于各个领域,其特点如下所述。

(1)红外测温反应速度快。它不需要物体达到热平衡的过程,只要接收到目标的红外辐射即可测量目标的温度。测量时间一般为毫秒级甚至微秒级。

(2)红外测温灵敏度高。由测温原理可知物体的辐射能量与温度的 4 次方成正比,温度的微小变化就会引起辐射能量的较大变化,红外探测器即可迅速地检测出来。

(3)红外测温属于非接触测温。它特别适合于高速运动物体、带电体、高压及高温物体的温度测量。

（4）红外测温准确度高。由于是非接触测量，不会影响物体温度分布状况与运动状态，因此测出的温度比较真实，其测量准确度可达到 0.1 ℃以内。

（5）红外探测器测温可测摄氏零下几十度到零上几千度的温度范围，因此红外测温几乎可以使用在所有温度测量场合。

热辐射高温计是利用接收物体表面发出的热辐射能量进行非接触式温度测量的仪器，具有响应快、热惰性小等优点，主要用于腐蚀性物体及运动物体的高温测量。测温范围一般为 400～3200 ℃。由于感温部分不与被测介质直接接触，因此测量误差较大。热辐射高温计工作原理如图 8-18 所示，被测物体的辐射能通过透镜会聚到敏感元件热电堆上，热电堆再把辐射能转变为电信号。

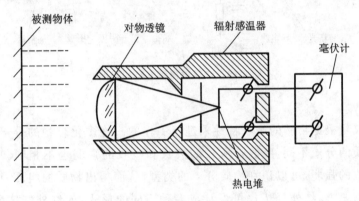

图 8-18　热辐射高温计结构图

2. 红外成像

在许多场合，人们不仅需要知道物体表面的平均温度，更需要了解物体的温度分布情况，以便分析、研究物体的结构，探测物体内部情况。红外成像就能将物体的温度分布以图像形式直观地显示出来。

红外变像管可以将物体红外图像变成可见光图像，主要由光电阴极、电子光学系统和荧光屏 3 部分组成，并安装在高真空密封玻璃壳内。

红外摄像管是一种能将物体的红外辐射转换成电信号，经过电子系统放大处理，再还原为光图像的成像装置。其种类有光导摄像管、硅靶摄像管和热释电摄像管等，前两者工作在可见光或近红外区，而后者工作波段较长。

热释电摄像管结构如图 8-19 所示。靶面是一块用热释电材料做成的薄片，在接收辐射的一面覆有一层对红外辐射透明的导电膜。热释电摄像管的工作过程是这样的：经过锗透镜的红外辐射被斩光板进行调制，被调制后的红外辐射经过光学系统成像在靶面上，这时靶面吸收红外辐射，从而引起温度升高并释放出电荷。由于靶面各点的热释电荷与靶面各点的温度变化成正比，同时又与靶面的辐照度成正比，因此当电子束在外加偏转磁场和纵向聚焦磁场的作用下扫过靶面时，就可以得到与靶面电荷分布相对应的视频信号。这些视频信号通过导电膜输出并送到视频放大器进行放大，之后再将放大的视频信号送到控制显像系统，在显像系统的屏幕上就可以看到与物体红外辐射相一致的热像图。

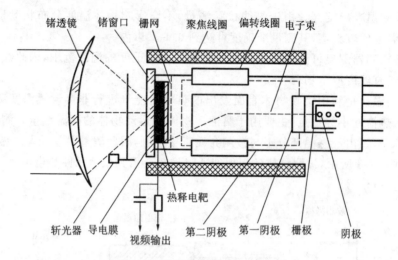

图 8-19　热释电摄像管结构简图

3. 红外分析

红外分析仪是根据物质的吸收特性来进行工作的。许多化合物的分子在红外波段都有吸收带。物质的分子不同，吸收带所在的波长和吸收的强弱也不相同。根据吸收带分布的情况与吸收的强弱，可以识别物质分子的类型，从而得出物质的组成及其百分比。根据不同的目的与要求，红外分析仪可设计成多种不同的形式，如红外气体分析仪、红外分光光度计、红外光谱仪等。医用二氧化碳分析仪是利用二氧化碳气体对波长为 $4.3~\mu m$ 的红外辐射有强烈的吸收特性而进行测量分析的，它主要用来测量、分析二氧化碳气体的浓度。

医用二氧化碳分析仪的光学系统如图 8-20 所示。它由红外光源、调制系统、标准气室、测量气室、红外探测器等部分组成。在标准气室里充满了没有二氧化碳的气体(或含有固定量二氧化碳的气体)。待测气体经采气装置，由进气口进入测量气室。调节红外光源，使之分别通过标准气室和测量气室，并采用干涉滤光片滤光，只允许波长为$(4.3\pm0.15)\mu m$ 的红外辐射通过，此波段正好是二氧化碳的吸收带。假设标准气室中没有二氧化碳气体，而进入测量气室中的被测气体也不含二氧化碳气体，则红外光源的辐射经过两个气室后，射出的两束红外辐射完全相等。红外探测器相当于接收一束恒定不变的红外辐射，因此可看成只有直流响应，接于探测器后面的交流放大器是没有输出的。当进入测量气室中的被测气体里含有二氧化碳时，射入气室的红外辐射中的$(4.3\pm0.15)\mu m$ 波段辐射被二氧化碳吸收，使测量气室中出来的红外辐射比标准气室中出来的红外辐射弱。被测气室中二氧化碳浓度越大，两个气室出来的红外辐射强度差别越大。红外探测器交替接收两束不等的红外辐射后，将输出一个交变电信号，经过电子系统处理与适当标定后，就可以根据输出信号的大小来判断被测气体中含二氧化碳的浓度。

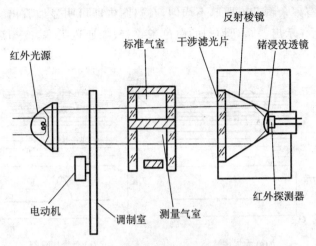

图 8-20 医用二氧化碳分析仪光学系统图

4. 红外无损检测

红外无损检测是 20 世纪 60 年代以后发展起来的新技术。它是通过测量热流或热量来鉴定金属或非金属材料质量、探测内部缺陷的。对于某些采用 X-射线、超声波等无法探测的局部缺陷,用红外无损检测可取得较好的效果。红外无损检测分主动式和被动式两类。主动式是人为地在被测物体上注入(或移出)固定热量,探测物体表面热量或热流变化规律,并以此分析判断物体的质量。被动式则是用物体自身的热辐射作为辐射源,探测其辐射的强弱或分布情况,判断物体内部有无缺陷。

1)焊接缺陷的无损检测

焊口表面起伏不平,采用 X-射线、超声波、涡流等方法难以发现缺陷。而红外无损检测则不受表面形状限制,能方便和快速地发现焊接区域的各种缺陷。图 8-21 所示的为两块焊接的金属板,其中图 8-21(a)中焊接区无缺陷,图 8-21(b)中焊接区有一气孔。若将一交流电压加在焊接区的两端,在焊口上会有交流电流通过。由于电流的集肤效应,靠近表面的电流密度将比下层的大。在电流的作用下,焊口将产生一定的热量,热量的大小正比于材料的电阻率和电流密度的平方。在没有缺陷的焊接区内,电流分布是均匀的,各处产生的热量大致相等,焊接区的表面温度分布是均匀的。而存在缺陷的焊接区,缺陷(气孔)的电阻很大,使这一区域损耗增加,温度升高。应用红外测温设备即可清楚地测量出热点,由此断定热点下面存在着焊接缺陷。采用交流电加热的好处是可通过改变电源频率来控制电流的透入深度。低频电流透入较深,对发现内部深处缺陷有利;高频电流集肤效应强,表面温度特性比较明显。但表面电流密度增加后,材料可能达到饱和状态,它可变更电流沿深度方向分布,使近表面产生的电流密度趋向均匀,给探测造成不利。

2)铸件内部缺陷探测

有些精密铸件内部非常复杂,采用传统的无损探伤方法,不能准确地发现内部缺陷;而用红外无损探测就能很方便地解决这些问题。使用红外无损探测时,只需在铸件内部通以液态氟利昂冷却,使冷却通道内有最好的冷却效果,然后利用红外热像仪快速扫描铸件整个表面。如果通道内有残余型芯或壁厚不均匀,在热图中即可明显地看出。冷却通道畅通,冷却效果良好,热图上显示出一系列均匀的白色条纹;假如通道阻塞,冷却液体受阻,则在阻塞处显示出黑色条纹。

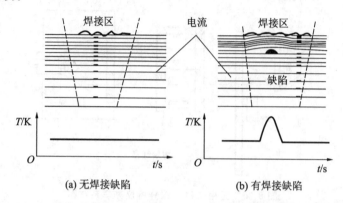

(a) 无焊接缺陷　　　　　　　(b) 有焊接缺陷

图 8-21　由于集肤效应和焊接缺陷引起的表面电流密度情况变化

3)疲劳裂纹探测

用一个点辐射源在蒙皮表面一个小面积上注入能量,然后用红外辐射温度计测量表面温度。如果在蒙皮表面或表面附近存在疲劳裂纹,则热传导受到影响,在裂纹附近热量不能很快传输出去,使裂纹附近表面温度很快升高。当辐射源分别移到裂纹两边时,由于裂纹不让热流通过,因而两边温度都很高。当热源移到裂纹上时,表面温度下降到正常温度。然而在实际测量中,由于受辐射源尺寸的限制、辐射源和红外探测器位置的影响,以及高速扫描速度的影响,故温度曲线呈现出实线的形状。

5. 红外探测技术在军事上的应用

红外技术是在军事应用中发展起来的,至今它在军事应用中仍占重要地位。因为红外技术有如下特点:红外辐射看不见,可以避开敌方目视观察;白天、黑夜均可使用,特别适于夜战的场合;采用被动接收系统,比用无线电雷达或可见光装置安全、隐蔽,不易受干扰、保密性强;利用目标和背景辐射特性的差异,能较好地识别各种军事目标,特别是可以发现伪装的军事目标;其分辨率比微波的好,比可见光更能适应天气条件。但红外探测工作时受云雾的影响仍然很大,有的红外设备在气象条件恶劣时几乎不能正常工作。

1)红外侦察

在战争中,为了掌握敌方的情况,可利用红外技术做各种侦察活动。如观察敌方的行踪,查明敌方地面军事设施或搜索发现敌人、敌机等。利用红外辐射进行地面侦察的仪器有红外扫描器、红外观察仪、红外夜视仪及红外低温测温仪等。

红外扫描侦察器是被动式红外探测仪器,它能感受从被观察区域来的红外辐射。扫描器收集辐射并聚焦在红外探测器上,经电子系统放大处理后即可得到所要求的图像。红外观察仪能对伪装的人、车辆和其他目标进行探测,并提供目标的图形,这是用可见光观测不能做到的。利用红外侦察设备可以侦察出几小时前敌人驻过的营地,能确定出大炮和车辆的位置。

空中侦察能快速、精确地记录敌人的军事部署,利用机载红外侦察相机,可以拍摄大面积的战地,白天黑夜都能清晰地拍摄出各种军事目标。

2)红外雷达

红外雷达具有搜索、跟踪、测距等多种功能,一般采用被动式探测系统。红外雷达包括搜索装置、跟踪装置、测距装置及数据处理与显示系统等。搜索装置的功能是全面地侦察空间以探测目标的位置并对其进行鉴别。一般说来,其视场大、精度低,有的也能粗跟踪,跟踪的功能是确定目标的精确坐标方位,同时给出信号驱动马达进行精跟踪;测距,目前多采用激光技术,在精跟踪时用激光装置测量目标的距离;数据处理与显示系统是用计算机把上面三部分给出的目标方位、距离等数据进行计算,以定出目标的速度、航向,同时把风向、风速等因素考虑进去,给出提前量,把信息送到武器系统。红外雷达的精度高,一般可达分级的角精度,秒级精度也能做到。

红外雷达的搜索装置是由光学系统和位于光学系统焦点上的红外探测器、调制盘、电子线路及显示器等组成的。由于远距离的目标是一个很小的点,并且是在广阔的空间高速度运动着,而光学系统又只有较小的视场,因此搜索必须做快速扫描动作以发现目标。扫描周期应尽量小,搜索速度与空间范围依具体情况决定,搜索距离从几十公里到上千公里都可,最后通过显示器直接观察在搜索空域内是否有目标。当目标进入视场时,来自目标的红外辐射就由光学系统聚焦在红外探测器上,转换装置就产生一个电压信号,经过逻辑电路辨识,确定真正的目标,带动高低和水平方向的电动机旋转,使搜索装置光轴连续对准目标,转入精跟踪。

现有的红外雷达形式很多,但基本原理都是相同的,只是结构和性能上各有特点而已。红外探测在军事上的应用还有红外制导、红外通信、红外夜视、红外对抗等。

思考与练习

1. 试比较热电探测器和光子探测器的优缺点。
2. 什么是热释电效应? 热释电器件为什么只能探测调制辐射?
3. 红外测温有什么特点? 测温原理是什么?
4. 红外探测器为什么峰值波长越长,工作温度越低?
5. 使用红外探测器时应注意什么问题?

项目**9**

光纤传感器测量物体位移电路

项目名称:光纤传感器测量物体位移电路。

项目分析:分析光纤传感器测量物体位移电路的原理,掌握光纤传感器的工作原理,完成光纤传感器烟雾报警电路和光纤传感器微弯称重电路。

相关知识:光纤传感器的工作原理、基本结构、调制机理等,光纤传感器典型测量应用分析。

任务 1　光纤传感器测量物体位移电路组成与原理分析

1. 光纤传感器物体位移测量装置结构

如图 9-1 所示的光纤传感器物体位移测量装置,是一种反射式光纤位移传感器,属于传输型光纤传感器。

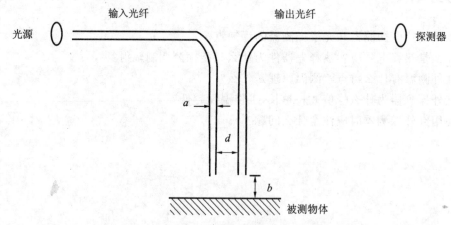

图 9-1　光纤传感器物体位移测量装置结构图

光纤传感器中的光纤采用 Y 型结构,即两束光纤的一端合并组成光纤探头,另一端分为两支,分别作为光源光纤和接收光纤。光源发出的光经过耦合,输入发射光纤,通过光纤传输,射向被测物体,再反射到接收光纤,最后由光电探测器接收。

光电探测器接收到的光强,与被测物体表面性质、被测物体到光纤探头距离有关。若被测物体表面性质保持不变,则接收到的光强取决于被测物体距光纤探头的距离,即位移改变则输出光强作相应的变化,通过对输出光强的测量即可得到被测物体位移量。

显然,当光纤探头紧贴被测物体时,光电探测器接收到的光强为零。随着离反射面距离的增加,光纤探头接收到的光强逐渐增加,到达最大值后又随两者的距离增加而减小。图 9-2 所示的是反射式光纤位移传感器的输出特性曲线,利用这条特性曲线可以求得位移量。反射式光纤位移传感器是一种非接触式测量,具有探头小、响应速度快、测量线性化(在小位移范围内)等优点,所以可在小位移范围内进行高速位移检测。

设两根光纤的距离为 d,每根光纤的直径为 $2a$,数值孔径为 NA(见式 9-6),如图 9-3 所示,则

$$\tan\theta = \frac{d}{2b} \tag{9-1}$$

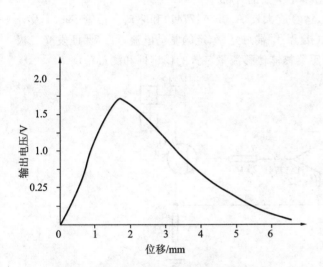

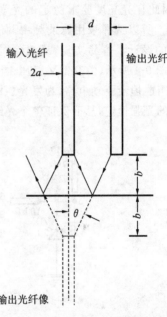

图 9-2　反射式光纤位移传感器的输出特性　　　图 9-3　光纤传感器位移测量原理图

由于 $\theta = \arcsin NA$,因此式(9-1)可以写为

$$b = \frac{d}{2\tan(\arcsin NA)} \tag{9-2}$$

很显然,当 $b < \dfrac{d}{2\tan(\arcsin NA)}$ 时,即接收光纤位于输出光纤像的光锥之外,两光纤耦合为零,无反射光进入接收光纤;当 $b \geqslant \dfrac{d}{2\tan(\arcsin NA)}$ 时,即接收光纤位于输出光纤像的光锥之内,两光纤耦合最强,接收光纤达到最大值。d 的最大检测范围为 $\dfrac{a}{\tan(\arcsin NA)}$。

2. 光纤传感器物体位移测量装置电路

光纤传感器物体位移测量装置的电路由两部分组成,分别是光源驱动电路和光电探测电路。在电路设计中,发光光源和光电探测器的选择非常重要,要注意以下三点:

(1)传感器构造设计方面。光源和光电探测器要易于和光纤耦合,由于光纤芯径较细,

故光源和光电探测器体积要小。

(2)光纤输出的信号方面。光源要工作稳定,亮度高。

(3)光纤传输损耗方面。光源的峰值波长应接近光纤的零色散波长,光电探测器的峰值响应也应与之匹配。

所以,测量装置的电路采用近红外半导体发光二极管(LED)作为光源,以具有电流放大作用的光敏三极管作为光电探测器。

1)光源驱动电路

以半导体发光二极管 LED 作为光源,基本工作电路有直流驱动和脉冲频率调制驱动两种形式。直流驱动电路简单,由直流电源、限流电阻和 LED 串联而成。由于 LED 发光亮度的稳定性依赖于通过它的电流,而直流驱动中直流电源电压的不稳定会导致 LED 发光的不稳定,因此在光亮度要求稳定的光学测试中,不能采用直流驱动,它仅适用于作为显示器件的场合。所以选择采用脉冲频率调制驱动电路,这样不仅可使 LED 发光稳定,而且在光电探测电路的设计上容易实现,易消除周围光和光学上的外部干扰。

如图 9-4 所示,由 5.1 V 稳压二极管、运算放大器 A_1(HA17741)和驱动三极管 S9014 及外围电路组成恒流驱动电路,为发光二极管(接 J_1、J_2 端)提供恒定的驱动电流,可以保证发光二极管发出的光强恒定,从而保证整个光纤传感器物体位移测量装置的稳定性和测量精度。

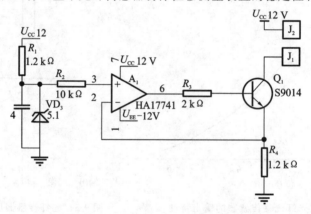

图 9-4　光源驱动电路原理图

2)光电探测电路

光电探测电路由光电转换、一级放大和二级放大三部分组成。电路原理如图 9-5 所示。

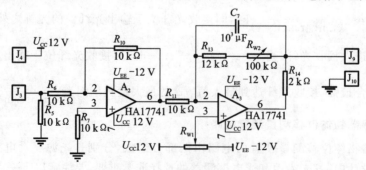

图 9-5　光电探测电路原理图

光敏三极管(接 J_3、J_4 端)接收到光纤传感器发射光后产生电流。该电流流过电阻 R_5，产生电压压降。该电压压降随光强的改变而改变，然后由运算放大器 A_2(HA17741)及外围电路构成第一级放大电路进行放大。放大后的电压信号经过运算放大器 A_3(HA17741)及外围电路构成第二级放大电路再次进行放大，最后通过 J_9、J_{10} 输出到电压表进行显示。

选用带基极引线的光敏三极管，有利于脉冲调制光的探测。因为接入基极电阻可以减小光敏三极管的发射极电阻，改善弱光下的频率特性和响应时间，同时对光敏三极管的温度特性进行补偿，而且可以使光敏三极管的交流放大系数进入线性区。

任务 2　光纤传感器的工作原理

光纤传感技术是近年来迅速发展的新技术，光纤传感器可以用来测量 70 多种物理量，包括速度、加速度、角速度、角加速度、位移、角位移、压力、弯曲、应变、转矩、温度、电压、电流、液位、流量、流速、浓度、pH 值、磁场、声强、光强、射线等。光纤传感器还可以完成现有测量技术难以完成的测量任务，在狭小的空间里，在强电磁干扰和高电压的环境里，光纤传感器都显示出了独特的能力。目前光纤传感器主要应用在石油和天然气、航空航天、民用基础建设、交通运输、生物医学五大领域。光纤传感器正朝着高灵敏、高精确、适应性强、小巧和智能化的方向发展。

光纤传感器的原理是利用光纤受到外界作用所引起的自身长度、折射率、直径的变化所导致的光纤内传输的光，在振幅、相位、频率、偏振等方面发生变化的现象，来精确测量外界被测量的数值变化。光纤传感器用光作为敏感信息的载体，用光纤作为传递敏感信息的媒质，具有光纤及光学测量的特点，有一系列独特的优点，比如灵敏度高、响应速度快、动态范围大、防电磁干扰、超高电绝缘、防燃、防爆、体积小、耐腐蚀、材料资源丰富、成本低等。光纤传感器的缺点是有的应用系统比较复杂。

光纤传感器的应用与光电技术密切相关，因而光纤传感器也成为光电检测技术的重要组成部分。光纤传感器的应用离不开光纤，要学习光纤传感器首先要了解光纤的基本知识。

1. 光纤的基础知识

1) 光纤的结构

光纤(全称光导纤维)是由纤芯、包层、涂覆层及外套组成的多层同轴圆柱体，如图 9-6 所示。由内向外第一层是纤芯，是由石英、塑料等材料制成，纤芯直径为 $5\sim100~\mu m$。第二层是包层，也是由石英、塑料等材料制成，包层直径通常为 $125~\mu m$。纤芯的折射率 n_1 稍大于包层的折射率 n_2，由全反射原理可知，光纤具有使光束封闭在纤芯内传输的能力。涂覆层和外套起保护光纤的作用，增强光纤的抗腐蚀能力、机械性能等等。通常人们把较长的或多股的光纤称为光缆。

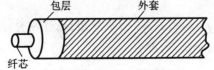

图 9-6　光纤结构示意图

2）光纤的种类

根据纤芯和包层折射率的变化规律，光纤分为阶跃型和渐变型两种。

阶跃型光纤纤芯的折射率为 n_1，包层的折射率为 n_2，如图 9-7(a) 所示。在纤芯内，中心光线沿光纤轴线传播，通过轴线的子午光线（光线永远在通过轴线的一个平面运动的光线）呈锯齿形轨迹。

渐变型光纤纤芯的折射率不是常数，从中心轴线开始沿径向大致按抛物线规律变化，中心轴线处折射率最大，包层的折算率是一个常数，因此光纤中传播的光会从折射率小的界面处向中心会聚，传播轨迹类似正弦曲线。这种光纤又称自聚焦光纤。如图 9-7(b) 所示，渐变型光纤中经过轴线的子午光线传播轨迹。

单模光纤属于特殊的阶跃型光纤，如图 9-7(c) 所示，但它的纤芯直径很小，通常为 $4\sim 8~\mu m$，所以可以近似认为光纤中传播光的轨迹与中心轴线重合，为一条直线。

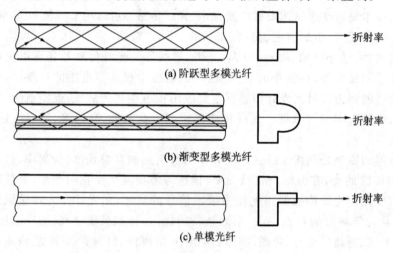

(a) 阶跃型多模光纤

(b) 渐变型多模光纤

(c) 单模光纤

图 9-7　光纤的种类和光传播轨迹

3）光纤的传输模式

在纤芯内传播的光波，可以分解为沿轴向传播的和沿半径方向传播的平面波。沿半径方向传播的平面波在纤芯与包层的界面上产生反射。如果此波在一个往复（入射和反射）过程中相位变化为 2π 的整数倍，就会形成驻波。只有能形成驻波的那些以特定角度射入光纤的光波才能在光纤内传播，这些光波就称为模。在光纤内只能传输一定数量的模。通常，纤芯直径较粗（几十微米以上）时，能传播几百个甚至更多的模，而纤芯很细（$5\sim 10~\mu m$）时，只能传播一个模。前者称为多模光纤，后者称为单模光纤。

根据光纤的传输模式，把光纤分为多模光纤和单模光纤两类。阶跃型光纤和渐变型光纤为多模光纤，而图 9-7(c) 所示的为单模光纤。

4）光纤的传光原理

当光线以较小的入射角 $\varphi_1(\varphi_1<\varphi_c,\varphi_c$ 为临界角）由光密介质（折射率为 n_1）入射光疏介质（折射率为 n_2）时，如图 9-8(a) 所示，即

$$n_1\sin\varphi_1 = n_2\sin\varphi_2 \tag{9-3}$$

若逐渐加大入射角 φ_1，当 $\varphi_1=\varphi_c$ 时，折射角 $\varphi_2=90°$，如图 9-8(b) 所示，此时有

$$\sin\varphi_c = \frac{n_2}{n_1} \tag{9-4}$$

则临界角 φ_c 可由式（9-4）决定。

若继续加大入射角 φ_1（即 $\varphi_1 > \varphi_c$），则光不再产生折射，而只会在光密媒质中发生反射，即形成了光的全反射现象，如图 9-8（c）所示。

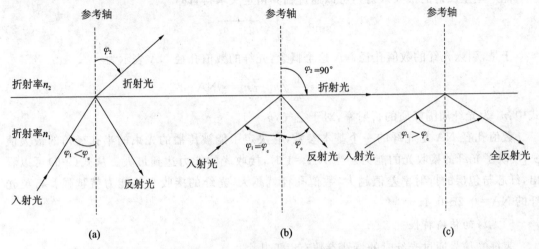

图 9-8　光线在界面上发生的反射

下面以阶跃型多模光纤为例，来说明光纤的传光原理。

当光线从空气（折射率为 n_0）中射入光纤的一个端面，并与其轴线的夹角为 θ_0 时，在光纤内折射角为 θ_1，然后以 φ_1（$\varphi_1 = 90° - \theta_1$）入射到纤芯与包层的交界面上，如图 9-9（a）所示。若入射角 φ_1 大于临界角 φ_c，则入射的光线就能在交界面上产生全反射，并在光纤内部以同样的角度反复全反射向前传播，直至从光纤的另一端射出。若光纤两端同处于空气之中，则出射角还是 θ_0。

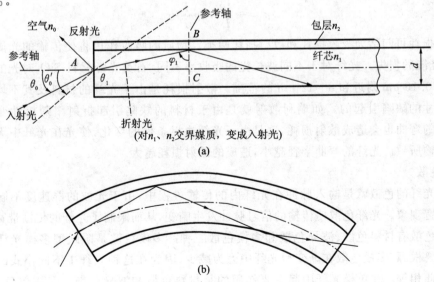

图 9-9　阶跃型多模光纤中子午光线的传播

从空气中射入光纤的光并不一定都能在光纤中产生全反射。图9-9(a)中的虚线表示入射角 θ_0 过大,光线不能满足要求(即 $\varphi_1 < \varphi_c$),大部分光线将穿透包层而逸出,这种现象称为漏光。即使有少量光反射回纤芯内部,经过多次这样的反射后,能量也几乎耗尽,以致基本没有光通过光纤传播出去。

能产生全反射的最大入射角可以通过临界角定义求得,即

$$\sin\theta_c = \frac{1}{n_0}\sqrt{n_1^2 - n_2^2} \tag{9-5}$$

于是,引入光纤的数值孔径 NA 这个概念,光纤的数值孔径 NA 表示为

$$\sin\theta_c = \frac{1}{n_0}\sqrt{n_1^2 - n_2^2} = \text{NA} \tag{9-6}$$

式中:n_0 为光纤周围媒质的折射率,对于空气,$n_0 = 1$。

数值孔径 NA 是光纤的一个基本参数,它决定了能被传播的光束的半孔径角的最大值 φ_c,反映了光纤的接收光的能力。当 NA=1 时,接收光的能力达到最大。从式(9-6)可以看出,纤芯与包层的折射率差值越大,数值孔径就越大,光纤的接收光的能力就越强。石英光纤的 NA=0.2~0.4。

5)光纤的传输特性

表征光信号通过光纤时的特性参数有以下几个。

(1)传输损耗。

上面在讨论光纤的传光原理时,忽略了光在传播过程中的各种损耗。实际上,入射到光纤中的光,由于存在着菲涅尔反射损耗、吸收损耗、全反射损耗及弯曲损耗等,其中一部分在途中就损失了。因此,光纤不可能百分之百地将入射光的能量传播出去。

当光纤长度为 L,输入与输出的光功率分别为 P_i 和 P_o 时,光纤的损耗系数 α 可以表示为

$$\alpha = -\frac{10}{L} \cdot \lg\frac{P_o}{P_i} \tag{9-7}$$

光纤损耗可归结为吸收损耗和散射损耗两类。物质的吸收作用将使传输的光能变成热能,造成光能的损失。光纤对于不同波长光的吸收率不同,石英光纤材料 SiO_2 对光的吸收发生在波长 $0.16\ \mu m$ 附近和 $8~12\ \mu m$ 的范围。散射损耗是由于光纤的材料及其不均匀性或其几何尺寸的缺陷引起的。如瑞利散射就是由于材料的缺陷引起折射率随机性变化所致的。光纤的弯曲也会造成散射损耗,这是由于光纤边界条件的变化,使光在光纤中无法进行全反射传输所致。光纤的弯曲半径越小,造成的散射损耗越大。

(2)色散。

所谓光纤的色散就是输入脉冲在光纤内的传输过程中,由于光波的群速度不同而出现的脉冲展宽现象。光纤色散使传输的信号脉冲发生畸变,从而限制了光纤的传输带宽。

光纤色散有材料色散、波导色散和多模色散三种。多模色散是阶跃型多模光纤中脉冲展宽的主要根源,多模色散在渐变型光纤中大为减少,因为在这种光纤中不同模式的传播时间几乎彼此相等。在单模光纤中起主要作用的是材料色散和波导色散。采用单色光源(如激光器)可有效减少材料色散的影响。

（3）容量。

输入光纤的可能是强度连续变化的光束，也可能是一组光脉冲，由于存在光纤色散现象，会使脉冲展宽，造成信号畸变，从而限制了光纤的信息容量和品质。

（4）抗拉强度。

可以弯曲是光纤的突出优点。光纤的弯曲性与光纤的抗拉强度的大小有关。抗拉强度大的光纤，不仅强度高，可挠性也好，同时，其环境适应性能也强。

光纤的抗拉强度取决于材料的纯度、分子结构状态、光纤的粗细及缺陷等因素。

（5）接收光的能力。

光纤接收光的能力与数值孔径有密切的关系。如图 9-10 所示，光纤的数值孔径 NA 定义为当光从空气中入射到光纤端面时的光锥半角的正弦，即

$$NA = \sin\theta_c \tag{9-8}$$

光锥的大小是使此角锥内所有方位的光线一旦进入光纤，就被截留在纤芯中，沿着光纤传播。

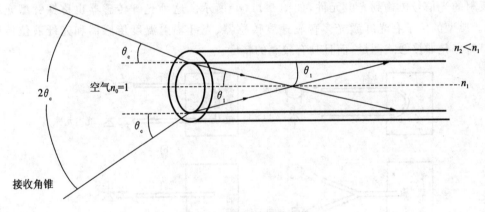

图 9-10　光纤的接收角锥

数值孔径只取决于光纤的折射率，与光纤的尺寸无关。因此，光纤可以做得很细，使之柔软，可以弯曲，这是一般光学系统无法做到的。

当光纤的数值孔径最大时，光纤的集光本领也最强。

2. 光纤传感器的分类及构成

1）光纤传感器的分类

按照光纤在检测系统中所起的作用分类，光纤传感器可分为功能型传感器以及非功能型传感器，功能型传感器中光纤本身既是传输介质又是传感器，非功能型传感器中光纤只是信息传输介质，而传感器要采用其他元件来进行光电转换。

（1）功能型光纤传感器。

功能型光纤传感器主要使用单模光纤，如图 9-11（a）所示。光纤不仅起传光作用，同时又是敏感元件，即光纤本身同时具有传、感两种功能。功能型光纤传感器是利用光纤本身的传输特性受被测物理量的作用而发生变化，使光纤中波导光的属性（光强、相位、偏振态、波长等）被调制这一特点而构成的一类传感器，其中有光强调制型、相位调制型、偏振态调制型和波长调制型等几种。其典型例子有利用光纤在高电场下的泡克耳斯效应的光纤电压

传感器、利用光纤法拉第效应的光纤电流传感器、利用光纤微弯效应的光纤位移(压力)传感器等。

功能型传感器的优点是,由于光纤本身是敏感元件,因此加长光纤的长度,可以得到很高的灵敏度,尤其是利用各种干涉技术对光的相位变化进行测量的光纤传感器,具有极高的灵敏度。这类传感器的缺点是,技术难度大,结构复杂,调整较困难。

(2)非功能型光纤传感器。

非功能型光纤传感器在光纤的端面或在两根光纤中间放置机械式或光学式的敏感元件来感受被测物理量的变化,从而使透射光或反射光强度随之发生变化。在这种情况下,光纤只是作为光的传输回路,如图 9-11(b)、图 9-11(c)所示。为了得到较大的受光量和传输的光功率。使用的光纤主要是数值孔径和芯径大的阶跃型多模光纤。这类光纤传感器的特点是结构简单、可靠,技术上易实现,但其灵敏度、测量精度一般低于功能型光纤传感器的。

在非功能型光纤传感器中,也有并不需要外加敏感元件的情况,光纤把测量对象所辐射、反射的光信号传输到光电元件,如图 9-11(d)所示。这种光纤传感器也称探针型光纤传感器。典型的例子有光纤激光多普勒速度传感器、光纤辐射温度传感器和光纤液位传感器等,其特点是非接触式测量,而且具有较高的精度。

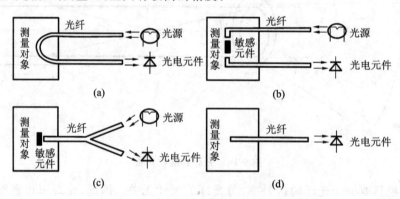

图 9-11　光纤传感器的基本结构原理示意图

2)光纤传感器的基本构成

光纤传感器的基本组成除光纤以外,还有光源和光电元件。

(1)光源。

在实际应用中,人们希望能研制出一种适合于各种系统的光源。激光二极管(LD)和发光二极管(LED)的发射波段分别是 $0.8\sim0.9\ \mu m$ 和 $0.3\sim1.1\ \mu m$,在这一波段石英光纤的损耗最小。特别是激光二极管具有亮度高、易于进行吉赫兹以上的直接调制、尺寸小等优点,一直受到人们的关注。

除了上述光源外,还可采用白炽灯等作光源。一般选择光源时,根据系统的用途和所用光纤的类型,对光源还要提出功率和调制的要求。

(2)光电元件。

光纤传感器常用如下四种光电元件作探测器,即普通光电二极管、雪崩光电二极管、肖特基光电二极管、光电晶体管,有时也用电荷耦合器件、光电导体和光电倍增管等。

3) 光纤传感器的优点

与其他电量传感器相比较,光纤传感器有许多优点。

(1) 光纤传感器的电绝缘性能好,表面耐压可达 4 kV/cm,且不受周围电磁场的干扰。

(2) 光纤传感器的几何形状适应性强。由于光纤所具有的柔性,使用及放置均较为方便。

(3) 光纤传感器的传输频带宽,带宽与距离之积可达 30 MHz·km~10 GHz·km 之多。

(4) 光纤传感器无可动部分、无电源,可视为无源系统,因此使用安全,特别是在易燃易爆的场合更为适用。

(5) 光纤传感器通常既是信息探测器件,又是信息传递器件。

(6) 光纤传感器的材料决定了它有强的耐水性和强的抗腐蚀性。

(7) 由于光纤传感器体积小,因此对测量场的分布特性影响较小。

(8) 光纤传感器的最大优点在于它们探测信息的灵敏度很高。

3. 功能型光纤传感器

1) 相位调制型光纤传感器

(1) 相位调制的原理。

波长为 λ 的相干光在光纤中传播时,光波的相位角与光纤的长度 L、纤芯折射率 n_1 和纤芯直径 d 有关。光纤受到物理量的作用时,这三个参数就会发生不同程度的变化,从而引起光的相位角的变化。一般说来,光纤纤芯直径引起光相位的变化很小,可以忽略。由普通物理学知道,在一长为 L、纤芯折射率 n_1 的单模光纤中,波长为 λ 的输出光相对输入端来说,其相位角 φ 为

$$\varphi = \frac{2\pi n_1 L}{\lambda} \tag{9-9}$$

当光纤受到物理量的作用时,则相位角变化为

$$\Delta\varphi = \frac{2\pi}{\lambda}(n_1 \Delta L + L \Delta n_1) = \frac{2\pi L}{\lambda}(n_1 \varepsilon_L + \Delta n_1) \tag{9-10}$$

式中:$\Delta\varphi$ 为光波相位角的变化量;ΔL 为光纤长度的变化量;Δn_1 为光纤纤芯折射率的变化量;ε_L 为光纤轴向应变($\varepsilon_L = \Delta L / L$)。

于是,可以应用光的相位检测技术测量出温度、压力、加速度、电流等物理量。

由于光的频率很高(约为 10^{14} Hz),光电探测器不能跟踪以这样高的频率进行变化的瞬时值,因此光波的相位变化是不能够直接被检测到的。所以可以利用干涉技术将相位调制转换成振幅(强度)调制。在光纤传感器中常采用马赫-泽德(Mach-Zehnder)干涉仪等几种不同的干涉测量仪。

(2) 相位调制型光纤压力和温度传感器。

利用马赫-泽德干涉仪测量压力或温度的相位调制型光纤传感器组成原理,如图 9-12 所示,激光器发出的一束相干光经过扩束以后,被分束器分成两束光,分别耦合到传感光纤和参考光纤中。传感光纤被置于被测对象的环境中,感受压力(或温度)信号;参考光纤不感受被测物理量。这两根单模光纤构成干涉仪的两个臂,再通过光纤耦合器组合起来,以便产生相互干涉,形成一系列明暗相间的干涉条纹。

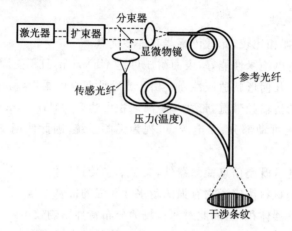

图 9-12 相位调制型光纤传感器组成原理图

当传感光纤感受到温度变化时,光纤的折射率会发生变化;而且光纤的热胀冷缩使其长度发生改变。由式(9-10)知,光纤的长度和折射率的变化,将会引起传播光的相位角变化。这样,传感光纤和参考光纤的两束输出光的相位也发生了变化,从而使合成光强的强弱随着相位的变化而变化。通过光电探测器可以将合成光强的强弱变化转换成电信号大小的变化。

图 9-13 所示的为一相位调制实例。由图 9-13 可以看出,在初始情况(室温 26 ℃)下,传感光纤中的传播光与参考光纤中的传播光同相,输出光电流最大。随着 T 的上升,相位增加,光电流逐渐减小。T 上升到 26.03 ℃,相移增加 π 弧度,光电流达到最小值;T 上升到 26.06 ℃,相移增加到 2π 弧度,光电流又上升到最大值。这样,光的相位调制便转换成电流信号的幅值调制。T 上升了 0.06 ℃,相位变化了 2π 弧度,干涉条纹移动了一根。如果在两光纤的输出端用光电元件来扫描干涉条纹的移动,并变换成电信号,放大后输入记录仪,从记录的移动条纹数就可以检测出温度(或压力)信号。

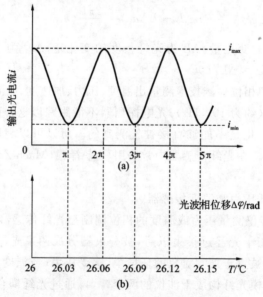

图 9-13 光相位变化、输出电流与温度的关系

2）光强调制型光纤传感器

光纤微弯曲位移和压力传感器是光强调制型光纤传感器的一个典型例子。它是基于光纤微弯而产生弯曲损耗的原理制成的,损耗的机理可用图 9-14 中光纤微弯曲对传播光的影响来说明。

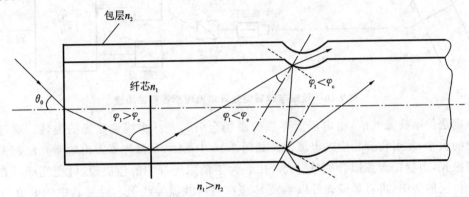

图 9-14 光纤微弯曲对传播光的影响

假如光线在光纤的直线段以大于临界角射入界面($\varphi_1 > \varphi_c$),则光线在界面上产生全反射。当光线射入微弯曲段的界面上时,入射角将小于临界角($\varphi_1 < \varphi_c$)。这时,全反射被破坏,一部分光在纤芯和包层的界面上反射,另一部分光则透射进入包层,从而导致光能的损耗。光纤微弯曲传感器(见图 9-15)就是基于这一原理而研制的。该传感器由两块波形板(变形器)构成,其中一块是活动板,另一块是固定板。光纤从一对波形板之间通过。当活动板受到微扰(位移或压力)作用时,光纤就会发生周期性微弯曲,引起传播光的散射损耗,使光在芯模中重新分配,一部分光从纤芯进入包层,另一部分光反射回纤芯。当活动板的位移或压力增加时,泄漏到包层的散射光随之增大,光纤芯模的输出光强度减小,于是光强就受到了调制。通过检测光纤输出光的强度就能测出位移(或压力)信号。

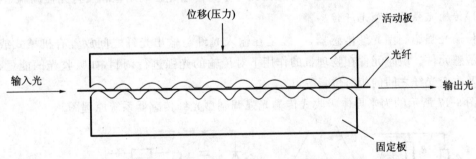

图 9-15 光纤微弯曲位移(压力)传感器原理图

光纤微弯曲传感器的一个突出优点是光功率维持在光纤内部,因此可以免除周围环境污染的影响,适宜在恶劣环境中使用。另外,这种传感器还具有灵敏度较高、结构简单、范围宽、性能稳定等优点。例如,它可以检测到 $100\ \mu Pa$ 的压力变化。

3）偏振态调制型光纤传感器

偏振态调制型光纤电流传感器测试原理如图 9-16 所示。

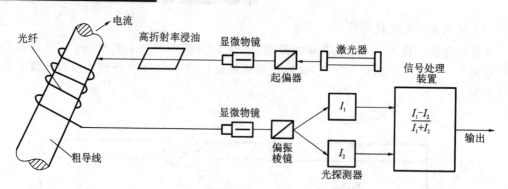

图 9-16 偏振态调制型光纤电流传感器测试原理

根据法拉第旋光效应，由电流所形成的磁场会引起光纤中线偏振光的偏转。通过检测偏转角的大小，就可得到相应的电流值。如图 9-16 中所示，从激光器发出的激光经起偏器变成线偏振光，由物镜聚焦耦合到单模光纤中。为了消除光纤中的包层模，可把光纤浸在折射率高于包层的油中，再将单模光纤以半径 R 绕在高压载流导线上。设过其中的电流为 I，由此产生的磁场 H 满足安培环路定律。

受磁场作用的光束由光纤输出端经显微物镜耦合到偏振棱镜，并分解成振动方向相互垂直的两束偏振光，分别进入光探测器，再经信号处理后输出信号。

由此可见，只要系统的 V 和 N 一经确定，就可通过输出信号 P 的大小，获得被测输电线上的电流值。另外，应注意到光纤中双折射现象的影响，例如光纤中的应力、光纤在输电线上环绕时的弯曲、光纤横截面具有一定的椭圆度等因素都会造成双折射现象，并尽量予以减少。偏振态调制型光纤电流传感器适用于高压输电线大电流的测量，测量范围为 0～1000 A。

4. 非功能型光纤传感器

光纤本身并不是敏感元件的非功能型光纤传感器，而是依据敏感元件对光强的调制这一原理进行工作的。非功能型光纤传感器又可分为传输光强调制型和反射光强调制型两种。

1）传输光强调制型光纤传感器

传输光强调制型光纤传感器，一般是在输入光纤与输出光纤之间放置有机械式或光学式的敏感元件。敏感元件在物理量的作用下对传输的光强进行调制，如吸收光的能量、遮断光路及改变光纤之间的相对位置等。

图 9-17 所示的为半导体吸收式传输光强调制型光纤传感器系统原理图。

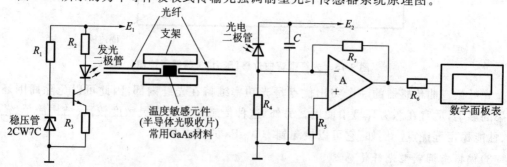

图 9-17 半导体吸收式光纤传感器测温系统原理图

在图 9-17 中,输入光纤和输出光纤两端面间夹一片厚度为零点几毫米的半导体光吸收片,并用不锈钢管加以固定,使半导体与光纤成为一体。它的关键部件是半导体光吸收片,半导体的本征吸收长波限 λ_g 随温度增加而向长波长的方向位移。由图 9-18 可以看出,半导体对光的吸收随长波限 λ_g 的变短而急剧增加(在 T 一定时),即透过率急剧下降;反之,随着长波限 λ_g 的变长,半导体的透光率增大。由此可见,在光源 λ 一定的情况下,通过半导体的透射光强随温度 T 的增加而减小。

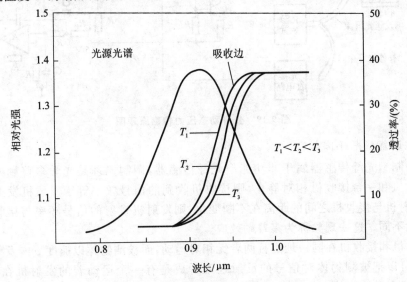

图 9-18　半导体投射光强与温度的关系

图 9-18 所示系统光源中所用的发光二极管,其发光光谱应与半导体的吸收光谱互相匹配。敏感材料的夹入可看成是在光纤耦合器的中部切断的置入。系统组成并通过调试后,光源发出的稳定光强通过输入光纤传到半导体薄片,透射光强受到所测温度的调制,并由输出光纤传到光电探测器,转换成电信号输出,从而达到测温的目的。该系统的温度测量范围为 $-20 \sim 300$ ℃,精确度约为 ± 3 ℃,响应时间常数约为 2 s,能在强电场环境中工作。

2) 反射光强调制型光纤传感器

图 9-19 所示光纤动态压力传感器是一个反射光强调制型光纤传感器。整个系统由光源、压力膜片、光敏二极管、Y 形光纤束和放大器等组成。压力敏感元件——膜片一方面用以感受压力流场的平均压力和脉动压力,另一方面用以反射光。它是用不锈钢材料制成的圆形平膜片,膜片的内表面抛光后镀一层反射膜,以提高反射率。Y 形光纤束约由 3000 根直径为 50 μm 的阶跃型光纤(NA = 0.603)集束而成。它被分成纤维数目大致相等、长度相同的两束,即发送光纤束和接收光纤束。为了补偿光源光功率的波动及减少光敏二极管的噪声,系统增加了一根补偿光纤束。

由膜片的挠度理论知,周边固定的圆形平膜片,其中心位移与压力成正比。当压力变化时,膜片与光纤端面之间的距离将线性地变化,因此,光纤接收的反射光强度将随压力变化而线性变化。此光信号被光敏二极管变成相应的微弱光电流,经放大、滤波后输出与压力成正比的电压信号。

该系统的优点是:频率响应范围宽,脉动压力的频率在 $0 \sim 18$ kHz 的范围内变化;灵敏度高;输出幅度大,放大后的输出信号可达几伏;此外,还具有结构简单、容易实现的优点。

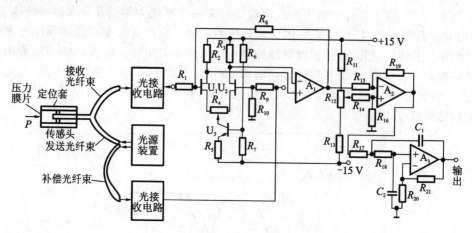

图 9-19 光纤动态压力传感原理图

3）频率调制型光纤传感器

频率调制型光纤传感器属于非功能型光纤传感器，调制原理是光学多普勒效应。如果有一台发射机和一台接收机相对静止，则接收机收到的信号频率等于发射机发射的信号频率；假若发射机与接收机之间的距离在不断变化，则发射机发射的信号频率与接收机收到的信号频率就不同。这一现象称为多普勒效应。

当发射机和接收机在同一地点且两者无相对运动，而被测物体以速度 v 向发射机和接收机运动时，可以把被测物体对信号的反射现象看成是有一个运动着的发射机在发射信号。这样，接收机和被测物体之间因有相对运动，所以就产生了多普勒效应。图 9-20 所示的为多普勒效应产生过程示意图。

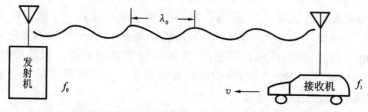

(a) 发射机发射信号，被测物体接收并以速度 v 运动

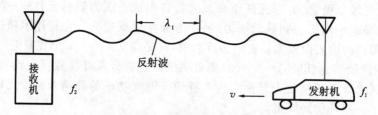

**(b) 被测物体反射信号如同新的发射机并以速度 v 运动
使与发射机同地点的接收机接收**

图 9-20 多普勒效应产生过程示意图

由多普勒效应产生的频率之差称为多普勒频率，即

$$f_d = f_2 - f_0 = 2\frac{v}{\lambda_0} \tag{9-11}$$

式(9-11)说明,被测物体的运动速度 v 可以用多普勒频率来描述。

采用光纤多普勒测量系统,对研究流体流动特别有效,尤其是对微小流量的测量,希望测量系统不干扰流体的流动,而光纤正好具有能做成微型探头的优点。

4)光纤液位传感器

光纤液位传感器由发光管 LED、光电二极管、多模光纤等组成。其结构特点是,在光纤测头端有一个圆锥反射器。当测头置于空气中没有接触到液面时,光线在圆锥体内发生全内反射而返回到光电二极管;当测头接触到液面时,由于液体的折射率与空气的折射率不同,全内反射被破坏,一部分光线透入液体内,使返回到光电二极管的光强变弱。实践证明,返回光强是液体折射率的线性函数。当返回光强出现突变时,测头已经接触到液位。

图 9-21 给出了光纤液位传感器的三种结构形式。对于图 9-21(a),其结构主要是由一个 Y 形光纤、全反射锥体、LED 光源及光电二极管等组成。图 9-21(b)所示是一种 U 形结构。当测头浸入液体内时,无包层的那段光纤光波导的数值孔径增加。这是由于与空气折射率不同的液体此时起到了包层的作用,反射回的光强与液体的折射率和测头弯曲的形状有关。为了避免杂光干扰,光源可采用交流调制。在图 9-21(c)所示的结构中,用作输入与输出的两根多模光纤由棱镜耦合在一起。它的光调制深度最强,而且对光源和光电接收器的要求不高。由相同的溶质和溶剂组成的溶液在不同浓度时溶液的折射率也不同,因此经过定标处理后,这种液位传感器也可以作为浓度计测量溶液的浓度,但对于图 9-21(c)所示的传感结构,其耦合棱镜的选择是不能随意的。

这里需要强调的是,光纤液位传感器不能探测容易黏附在测头表面的污浊、黏稠溶液的浓度。

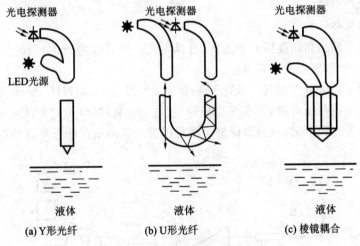

(a)Y形光纤　　　　　(b)U形光纤　　　　　(c)棱镜耦合

图 9-21　光纤液位传感器的结构

任务 3　光纤传感器烟雾报警应用

1. 工作原理

利用光纤传感器设计的烟雾报警装置,依据其工作原理,可以分为反射式和对射式两种。

1）反射式光纤传感器烟雾报警结构

该结构由光源、光电探测器、输出光纤、探测光纤、信号处理电路和报警器组成，其中输出光纤和探测光纤同侧放置。

检测光从光源耦合进入输出光纤，并从光纤另一端射向空气中。当空气中没有烟雾时，探测光纤接收到的光无变化，也就是检测不到光强变化。当空气中有烟雾时，由于烟尘颗粒对光的反射作用，探测光纤能接收到烟尘颗粒反射回来的光，也就是检测到光强有变化，光电探测器有输出，通过信号放大处理电路处理，触发报警器报警。

2）对射式光纤传感器烟雾报警结构

该结构由光源、光电探测器、输出光纤、探测光纤、信号处理电路和报警器组成，其中输出光纤和探测光纤对向放置，并需错开或呈一定角度。

对射式光纤传感器的工作原理与反射式光纤传感器的类似，只是接收检测的是烟尘颗粒的折射光和散射光。检测光从光源耦合进入输出光纤，并从光纤另一端射向空气中。当空气中没有烟雾时，探测光纤接收到的光无变化，也就是检测不到光强变化。当空气中有烟雾时，由于烟尘颗粒对光的折射和散射作用，探测光纤就能接收到烟尘颗粒折射和散射的光，即检测到光强有变化，光电探测器有输出，通过信号放大处理电路处理，触发报警器报警。

2. 相关应用电路

根据光纤传感器烟雾报警应用的工作原理，为了保证烟雾报警装置的稳定可靠，必须对相关应用电路进行设计。

1）光源驱动电路

稳定可靠的光源是高精度检测的前提，选择发光二极管作为光源，同时采用合适的驱动电路，保证发光二极管发出的光强恒定。

如图 9-22 所示，由 5.1 V 稳压二极管 VD_3、运算放大器 A_1（HA17741）、驱动三极管 Q_1（S9014）和外围电路组成恒流驱动电路，为发光二极管（接 J_1、J_2 端）提供恒定的驱动电流，可以保证发光二极管发出的光强恒定，从而保证整个烟雾报警装置的稳定性及测量精度。

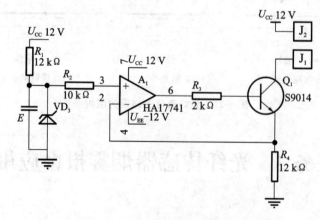

图 9-22　光源驱动电路

2）信号放大处理电路

选用光敏三极管作为光电探测器，检测光强的变化，实现光电信号的变换。当光信号转换为电信号后，需要对电信号进行放大处理，以便后续报警电路使用，信号放大电路同图 9-5。光敏三极管（接 J_3、J_4 端）通过探测光纤接收到烟雾反射或折散射光后，产生电流。该电流流过电阻 R_5，产生压降。该电压压降随光强的改变而改变，然后由运算放大器 A_2（HA17741）及外围电路构成的第一级放大电路进行放大。放大后的电压信号经过运算放大器 A_3（HA17741）及外围电路构成的第二级放大电路再次进行放大，最后通过 J_9、J_{10} 输出到电压表进行显示。

3）比较触发电路

如图 9-23 所示，R_{W3} 为阈值电压设置电阻，当芯片 U_{3A} 的 5 脚电压高于 4 脚时，U_{3A} 输出高电平，反之输出低电平。通过设置合理的阈值电压，保证报警信号的准确触发。

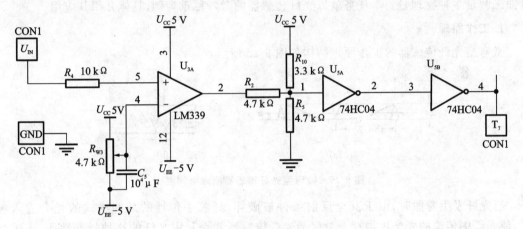

图 9-23 比较触发电路

4）报警保持电路

如图 9-24 所示，比较触发电路输出的触发电平触发 U_{6A}，5 脚输出高电平驱动发光二极管发光并保持发光状态，显示报警状态。按下清除开关 S_2，U_{6A} 的 5 脚输出低电平，发光二极管灭，报警状态取消。

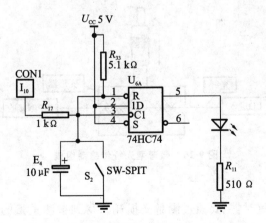

图 9-24 报警保持电路

3. 注意事项

光纤传感器在烟雾探测时,光纤的弯曲半径不得小于 3 cm,以免光纤损耗过大,甚至光纤折断。为保证探测精度,光纤传感器使用环境的背景光要比较稳定,如果条件允许,最好选择避光环境。

任务 4   光纤传感器微弯称重应用

光纤弯曲时,会引起光纤中传输光的损耗。通过研究光纤弯曲引起的模耦合,将其与光纤传感技术结合,使光纤弯曲引起的损耗成为一种有用的光纤传感调制技术,故可利用光纤弯曲来测量多种物理量。本任务就以光纤传感器的微弯称重为例,具体介绍其应用。

1. 工作原理

微弯型光纤传感器的工作原理结构如图 9-25 所示。

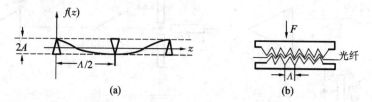

图 9-25   微弯型光纤传感器原理结构图

当光纤发生弯曲时,由于其全反射条件被破坏,纤芯中传播的某些模式的光会进入包层,使光纤中传输的光产生损耗。微弯型光纤传感器就是利用光纤的这种特殊性质,来进行微弯称重的。

为了提高测量的灵敏度,扩大光纤弯曲造成的光损耗,将光纤传感器夹持在一个周期波长为 Λ 的梳状结构中。当梳状结构受力时,光纤的弯曲情况将发生变化,于是光纤中传输的光也将发生变化,产生损耗,如图 9-26 所示。经公式推导分析,可得到光损耗与弯曲幅度的平方成正比,与微弯区的长度成正比。

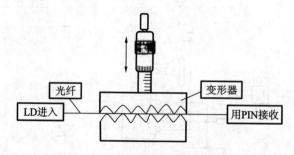

图 9-26   微弯型光纤传感器组成

2. 相关应用电路

光纤传感器微弯称重时,主要通过测量光损耗来得到被测重量的数值,对光源和光电探测器提出了较高要求,为了保证测量的准确与稳定,通常采用发光二极管作为光源,PIN 型光敏二极管或光敏三极管作为光电探测器。

光源驱动电路如图 9-22 所示,信号放大处理电路如图 9-5 所示。

3. 注意事项

光纤传感器在微弯称重时,光纤的弯曲半径不得小于 3 cm,以免光纤折断。光源与光纤传感器的连接、光电探测器与光纤传感器的连接一定要牢固可靠,避免外界光的干扰。

思考与练习

1. 试述光纤的结构和传光原理。
2. 什么是单模光纤和多模光纤?
3. 光纤传感器有哪两种类型? 它们之间有何区别?
4. 光纤传感器可以做哪些测量?
5. 室内光线对测试数据有什么影响? 如何解决?

项目 10

光电探测器件特性测试实验

项目名称:光电探测器特性测试实验。
项目分析:利用实验仪,测试各种光电探测器的特性参数,并以实际电路进行简单验证。
相关知识:各种光电探测器的工作原理、特性测试方法。

任务 1   光敏电阻特性实验

1. 测试光敏电阻的暗电阻、亮电阻并计算光电阻

观察光敏电阻的结构,用遮光罩将光敏电阻完全掩盖,用万用表欧姆挡测得的电阻值为暗电阻 $R_暗$,移开遮光罩,在环境光照下测得的光敏电阻的电阻值为亮电阻 $R_亮$,光电阻 $R_光 = \dfrac{R_亮 R_暗}{R_暗 - R_亮}$,光电阻越大,则光敏电阻灵敏度越高。

2. 测试光敏电阻的暗电流、亮电流、光电流

按照图 10-1 接线,分别在暗光及环境光照射下,负载电阻上输出电压 $U_暗$ 和 $U_亮$,电流 $I_暗 = U_暗/R$,亮电流 $I_亮 = U_亮/R$,亮电流 $I_亮$ 与暗电流 $I_暗$ 之差称为光电流 $I_光$,光电流越大则灵敏度越高。

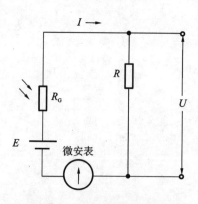

图 10-1   光敏电阻测量电路

3. 光敏电阻的伏安特性测试

按照图 10-1 接线,电源可从直流稳压电源±2～±12 V 间选用,每次在一定的光照条件下,测出当加在光敏电阻上电压为+2 V、+4 V、+6 V、+8 V、+10 V、+12 V 时电阻 R 两端的电压 U 和电流 I,同时计算出此时光敏电阻的阻值,并填入表 10-1 至表 10-3 中,根据实验数据画出光敏电阻的伏安特性曲线。

表 10-1　光敏电阻伏安特性测试数据表(暗光)

工作电压	2 V	4 V	6 V	8 V	10 V	12 V
U/V						
I/mA						
$R_光/\Omega$						

表 10-2　光敏电阻伏安特性测试数据表(正常环境光照)

工作电压	2 V	4 V	6 V	8 V	10 V	12 V
U/V						
I/mA						
$R_光/\Omega$						

表 10-3　光敏电阻伏安特性测试数据表(有光源照射)

工作电压	2 V	4 V	6 V	8 V	10 V	12 V
U/V						
I/mA						
$R_光/\Omega$						

4. 光敏电阻的光照特性测试

按照图 10-1 接好实验线路,负载电阻 R 选定 1 kΩ,光源用高亮度卤钨灯(实验者可仔细调节光源控制旋钮,得到不同的光源亮度),从电源电压 $U_{CC}=2$ V 开始到 $U_{CC}=12$ V,每次在一定的外加电压下测出光敏电阻在相对光照度从"弱光"到逐步增强的电流数据,即 $I_{ph}=\dfrac{U_R}{1.00\text{ k}\Omega}$,同时求出此时光敏电阻的阻值,即 $R_g=\dfrac{U_{CC}-U_R}{I_{ph}}$。这里要求尽量多地测试在不同照度下的电流数据(不少于 15 个),并填入表 10-4 至表 10-6,尤其要在弱光位置选择较多的数据点,以便所得到的数据点能够绘出较为完整的光照特性曲线。

表 10-4　光敏电阻光照特性测试数据表(电压:　　)

照度									
U_R/V									
光电流									

表 10-5　光敏电阻光照特性测试数据表(电压:　　)

照度									
U_R/V									
光电流									

表 10-6　光敏电阻光照特性测试数据表（电压：　　）

照度											
U_R/V											
光电流											

根据以上实验数据画出光敏电阻的一组光照特性曲线。

5. 光敏电阻的光谱特性测试

不同的半导体材料制成的光敏电阻有着不同的光谱特性，当不同波长的入射光照到光敏电阻的光敏面上时，光敏电阻就有不同的灵敏度。按照图 10-1 接线，其工作电源可选用＋12 V 电源，用高亮度 LED（红、黄、绿、蓝、白）作为光源，发光电源可选用直流稳压电源的正电源。发光管的接线可参照图 10-2。限流电阻用选配单元上的"1 K～100 K"挡电位器，首先应将电位器阻值置为最大，开启电源后缓慢调小阻值，使发光管逐步发光并至最亮，当发光管达到最高亮度时不再改变限流电阻阻值，依次将各发光管接入光电器件模板上的发光管插座。发光管与光敏电阻顶端可用附件中的黑色软管连接（透镜对透镜），分别测出光敏电阻在各种光源照射下的光电流，再用固体激光器作为

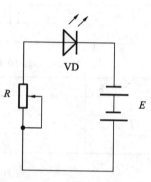

图 10-2　发光管连接电路

光源，测得光电流，将测得的数据记入表 10-7，据此作出光电阻大致的光谱特性曲线。

表 10-7　光敏电阻在各种光源照射下的光电流

光源	激光	红	黄	绿	蓝	白
光电流						

6. 光敏电阻的应用——暗灯控制

如图 10-3 所示，实验采用一种有光照射时切断电路，无光照射时接通电路的暗通型光电控制器电路，当光照消失（无光照）时，光敏电阻 CdS 的阻值增大，处理电路中的晶体管 VT_2 基极电压升高，VT_1 导通，集电极负载 LED 流过的电流增大，LED 发光二极管发光。

按照仪器面板所示，将光敏电阻对应接入"光敏灯控"单元的"光敏入"，"发光管"端口与"发光二极管 I"相接，输出端 U_0 接数字电压/频率表 20 V 挡。确认无误后，开启仪器电源，调节"暗光控制"电位器，使在实验室光照环境下发光二极管不亮。然后改变光照条件，分别用白纸、带色的纸和遮光罩改变光敏电阻的光照，当光照变暗到一定程度时发光二极管变亮，这就是日常所用的暗光街灯控制电路的原理。

7. 注意事项

（1）实验时请注意不要超过光电阻的最大耗散功率 P_{MAX}。

（2）光源照射时灯胆及灯杯温度均很高，请勿用手触摸，以免烫伤。

（3）实验时各种不同波长光源选用的高亮度 LED 在不发光时均为透明材料封装，查看颜色及亮度均可从其顶端透镜前观察，用作光源时也应将透镜发光点对准光敏器件。

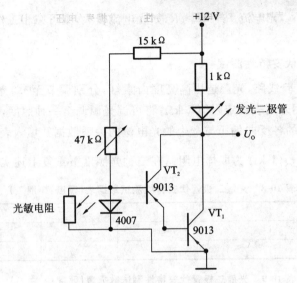

图 10-3　暗灯控制电路原理图

任务 2　光敏二极管特性实验

1. 光敏二极管的暗电流测试

按图 10-4 接线,要注意光敏二极管是工作在反向工作电压的,由于硅光敏二极管的反向电流非常小,因此应视实验情况逐步提高工作电压,如有必要可用稳压电源上的 ±10 V 或 ±12 V 串接。用遮光罩盖住光敏二极管,选择合适的电路反向工作电压,选择适当的负载电阻。打开仪器电源,调节负载电阻值,微安表显示的电流值即为暗电流,或用 4 位半万用表 200 mV 挡测得负载电阻 R 上的压降 $U_{暗}$,则暗电流 $I_{暗} = U_{暗}/R$。一般锗光敏二极管的暗电流要大于硅光敏二极管暗电流数十倍,可在试件插座上更换其他光敏二极管进行测试做性能比较。

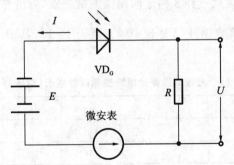

图 10-4　光敏二极管特性测试电路

2. 光敏二极管的光电流测试

缓慢揭开遮光罩,观察微安表上的电流值的变化(也可将照度计探头置于光敏二极管同一感光处,观察当光照强度变化时光敏二极管光电流的变化),或是用 4 位半万用表 200 mV

挡测得 R 上的压降 $U_光$,光电流 $I_光=U_光/R$,如光电流较大,则可减小工作电压或调节加大负载电阻。

3. 光敏二极管的伏安特性测试

按图 10-4 连接实验线路,光源选用高亮度卤素灯,分别调节至"弱光"、"中光"和"强光"三种照度,负载电阻用万用表确定阻值 1 kΩ,将可调光源调至一种照度,每次在该照度下,测出加在光敏二极管上的各反向偏压与产生的光电流的关系数据并填入表 10-8 至表 10-10,其中光电流 $I_{ph}=\dfrac{U_R}{1.00\ \text{k}\Omega}$(1 kΩ 为取样电阻),在三种光照度下重复上述实验。

表 10-8　光敏二极管伏安特性测试数据表（照度：　弱　）

电压/V	2	4	6	8	10	12
U_R/V						
光电流						

表 10-9　光敏二极管伏安特性测试数据表（照度：　中　）

电压/V	2	4	6	8	10	12
U_R/V						
光电流						

表 10-10　光敏二极管伏安特性测试数据表（照度：　强　）

电压/V	2	4	6	8	10	12
U_R/V						
光电流						

根据实验数据画出光敏二极管的伏安曲线。

4. 光敏二极管的光照度特性测试

按图 10-4 接线,光源选用高亮度卤素灯,由实验者按照从"弱—强"仔细调节光源电位器取得多种光照度,每选一种照度就选择 3 种反向偏压测试记录,测出光敏二极管在相对光照度为"弱光"到逐步增强的光电流数据并填至表 10-11 至表 10-13,其中 $I_{ph}=\dfrac{U_R}{1.00\ \text{k}\Omega}$(1 kΩ 为取样电阻)。

表 10-11　光敏二极管光照特性测试数据表（电压：　　）

照度								
U_R/V								
光电流								

表 10-12　光敏二极管光照特性测试数据表（电压：　　）

照度								
U_R/V								
光电流								

表 10-13　光敏二极管光照特性测试数据表(电压：　　)

照度								
U_R/V								
光电流								

根据实验数据画出光敏二极管的光照特性曲线。

5. 光敏二极管的光谱特性测试

不同的半导体材料制成的光敏二极管有着不同的光谱特性，当不同波长的入射光照到光敏二极管的光敏面上，光敏二极管就有不同的灵敏度。照图 10-4 接线，其工作电源可选用直流稳压电源的负电源，用高亮度 LED(红、黄、绿、蓝、白)作为光源，发光电源可选用直流稳压电源的正电源。发光二极管的接线可参照图 10-2。限流电阻用选配单元上的"1 K～100 K"挡电位器，首先应将电位器阻值置为最大，开启电源后缓慢调小阻值，使发光管逐步发光并至最亮，当发光管达到最高亮度时不再改变限流电阻阻值，依次将各发光管接入光电器件模板上的发光管插座。发光管与光敏二极管顶端可用附件中的黑色软管连接(透镜对透镜)，分别测出光敏二极管在各种光源照射下的光电流，再用固体激光器作为光源，测得光电流，将测得的数据填入表 10-14，据此作出光敏二极管大致的光谱特性曲线。

表 10-14　发光管与光敏二极管在各种光源照射下的光电流

光源	激光	红	黄	绿	蓝	白
光电流 I						
光电流 II						

6. 光敏二极管的温度特性测试

光敏二极管与其他半导体器件一样，性能受温度影响较大，随着温度的升高，电阻值增大，灵敏度下降。请按图 10-4 连接电路，分别测出常温下和加温(可用电烙铁靠近加温或用电吹风加温，电烙铁不可直接接触器件)后的伏安特性曲线。

7. 注意事项

本实验中暗电流测试最高反向工作电压受仪器电压条件限制为 ±12 V(24 V)，硅光敏二极管暗电流很小，虽然提高了反向电压，但还是有可能不易测得。测试光电流时要缓慢地改变光照度，以免测试电路中的微安表指针打表，如微安表量程不够大，可选用万用表的 200 mA 电流挡。

任务 3　光敏三极管特性实验

1. 判断光敏三极管 C、E 极性

以 3DU 型光敏三极管为例，用指针式万用表"1 K"电阻测试挡，黑表笔接集电极，红表笔接发射极，无光照时显示 ∞，光照增强时电阻迅速减小至 1～2 kΩ；若将红表笔接集电极，黑

表笔接发射极,则不论光照变化与否,万用表始终显示无穷大。测试 3CU 型光敏三极管则红黑表棒的顺序调换即可。

2. 光敏三极管的伏安特性测试

按图 10-5 连接好实验线路,光源选用高亮度卤素灯,负载电阻选用 1 kΩ。分别调节光照至"弱光"、"中光"和"强光"三种照度。每次在相应光照条件下,测出加在光敏三极管的偏置电压 U_{CE} 与产生的光电流 I_c 的关系数据并填入表 10-15 至表 10-17。其中光电流为

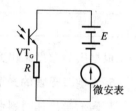

图 10-5 光敏三极管特性
测试电路

$I_c = \dfrac{U_R}{1.00 \text{ kΩ}}$(1 kΩ 为取样电阻),然后选用另两种照度后重复上述实验。

表 10-15 光敏三极管伏安特性测试数据表(照度: 弱)

电压/V	2	4	6	8	10	12
U_R/V						
光电流						

表 10-16 光敏三极管伏安特性测试数据表(照度: 中)

电压/V	2	4	6	8	10	12
U_R/V						
光电流						

表 10-17 光敏三极管伏安特性测试数据表(照度: 强)

电压/V	2	4	6	8	10	12
U_R/V						
光电流						

根据实验数据画出光敏三极管的伏安特性曲线。

3. 光敏三极管的光照度特性测试

实验线路如图 10-5 所示。光源选用高亮度卤素灯,由实验者按照从"弱—强"仔细调节光源电位器取得多种光照度,每选一种照度,选择 3 种反向偏压测试记录,测出光敏三极管在相对光照度为"弱光"到逐步增强的光电流数据,其中 $I_{ph} = \dfrac{U_R}{1.00 \text{ kΩ}}$(1 kΩ 为取样电阻),记录至表 10-18 至表 10-20。

表 10-18 光敏三极管光照特性测试数据表(电压:)

照度								
U_R/V								
光电流								

表 10-19　光敏三极管光照特性测试数据表(电压：　　)

照度							
U_R/V							
光电流							

表 10-20　光敏二极管光照特性测试数据表(电压：　　)

照度							
U_R/V							
光电流							

根据实验数据画出光敏三极管的光照特性曲线。

4. 光敏三极管的光谱特性测试

照图 10-5 接线,其工作电源可选用直流稳压电源的负电源,用高亮度 LED(红、黄、绿、蓝、白)作为光源,发光电源可选用直流稳压电源的正电源。发光管的接线可参照图 10-2。限流电阻用选配单元上的"1 K～100 K"挡位器,首先应将电位器阻值置为最大,开启电源后缓慢调小阻值,使发光管逐步发光并至最亮,当发光管达到最高亮度时不再改变限流电阻阻值,依次将各发光管接入光电器件模板上的发光管插座。发光管与光敏三极管顶端可用附件中的黑色软管连接(透镜对透镜),分别测出光敏三极管在各种光源照射下的光电流,再用固体激光器作为光源,测得光电流,将测得的数据记入表 10-21,据此作出两种光电阻大致的光谱特性曲线。

表 10-21　发光管与光敏三极管在各种光源照射下的光电流

光源	激光	红	黄	绿	蓝	白
光电流 I						

5. 光敏三极管的温度特性测试

光敏三极管与其他半导体器件一样,性能受温度影响较大,随着温度的升高,电阻值增大,灵敏度下降。请按图 10-5 连接电路,分别测出常温下和加温(可用电烙铁靠近加温或用电吹风加温,电烙铁不可直接接触器件)后的伏安特性曲线。

6. 光敏管的应用——光控电路

电路原理图如图 10-6 所示,接线图如图 10-7 所示。按照仪器面板所示,将光敏二极管对应接入"光敏三极管光控电路"单元的"传感器入","发光管"端口与"发光二极管 I"相接,输出端 U_0 接数字电压/频率表 20 V 挡。确认无误后,开启仪器电源,调节"增益"电位器,使光敏二极管在光源的照射下发光管发光。然后改变光照条件,分别用白纸、带色的纸和遮光罩改变光敏二极管的光照,当光照变暗到一定程度时发光管变亮,这就是日常所用的亮通控制电路的原理。

将光敏二极管换为光敏三极管重复上面的实验步骤,比较实验结果。

根据暗通电路原理,试设计一个暗通控制电路。

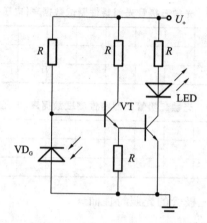

图 10-6　光敏管光控电路原理图

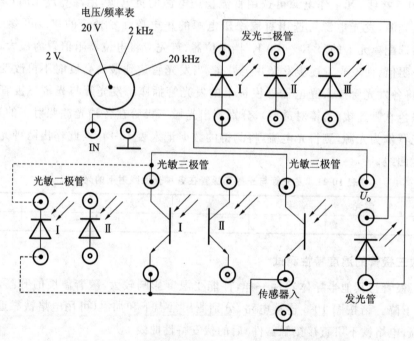

图 10-7　光敏管的应用——光控电路接线图

任务 4　光电池特性实验

1. 光电池短路电流测试

　　光电池的内阻在不同光照时是不同的,所以在测得暗光条件下光电池的内阻后按图 10-8 接线,应选用相对小得多的负载电阻(这样所测得的电流近似短路电流),试用阻值为 1.5 Ω、5.1 Ω、10 Ω、51 Ω 或更大的负载电阻接入测试电路(电阻可插入试件插座中)。打开光源,在不同的距离和角度照射光电池,记录光电流的变化情况并记入表 10-22,可以看出,负载电阻越小(小于 20 Ω),光电流与光强的线性关系就越好。

表 10-22　光电流随负载变化数据表

负载	0	1.5 Ω	5.1 Ω	10 Ω	51 Ω
光电流					

2. 光电池光电特性测试

光电池的光生电动势与光电流和光照度的关系为光电池的光电特性。按图 10-8 接线,负载电阻不大于 2 Ω(电阻可插入试件插座中),打开光源灯光,从暗光开始调节光源照度,改变灯光投射角度与光电池的距离,即改变光电池接收的光通量,测量光生电动势(开路电压)与光电流(短路电流)的变化情况,并将测试数据填入表 10-23。

表 10-23　光生电动势与光电流随照度变化数据表

照度					
光生电动势					
光电流					

可以看出,它们之间的关系是非线性的,当达到一定程度的光强后,开路电压就趋于饱和了。

3. 光电池的伏安特性测试

按照图 10-9 所示连接好实验线路,其中负载电阻用选配单元中的可调电阻(从 100 Ω 调至 680 kΩ),由实验者自行连接到电路中。光源用高亮度卤素灯,分别选用"弱光"、"中光"和"强光"三种照度并将测量数据分别记入表 10-24 至表 10-26。

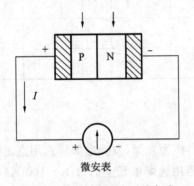

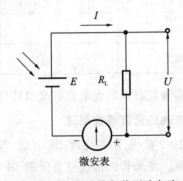

图 10-8　光电池短路测试电路　　图 10-9　光电池带负载测试电路

表 10-24　光电池伏安特性测试数据表(照度: 弱)

R_L/Ω									
U_{OC}/V									
U_{R1}/V									
光电流									

表 10-25　光电池伏安特性测试数据表（照度：　中　）

R_L/Ω								
U_{OC}/V								
U_{R1}/V								
光电流								

表 10-26　光电池伏安特性测试数据表（照度：　强　）

R_L/Ω								
U_{OC}/V								
U_{R1}/V								
光电流								

根据实验数据画出光电池的伏安特性曲线。

4. 光电池的光照度特性测试

按图 10-9 接线，光源选用高亮度卤素灯，由实验者按照从"弱—强"仔细调节光源电位器取得多种光照度，测出光电池在相对光照度为"弱光"到逐步增强的光电流数据并记入表 10-27。

表 10-27　光电池光照特性测试数据表

照度								
U_R/V								
光电流								

根据实验数据画出光电池的光照特性曲线。

5. 光电池的光谱特性测试

照图 10-9 接线，用高亮度 LED（红、黄、绿、蓝、白）作为光源，发光电源可选用直流稳压电源的正电源。发光管的接线可参照图 10-2。限流电阻用选配单元上的"1 K～100 K"挡电位器，首先应将电位器阻值置为最大，开启电源后缓慢调小阻值，使发光管逐步发光并至最亮，当发光管达到最高亮度时不再改变限流电阻阻值，依次将各发光管接入光电器件模板上的发光管插座。发光管与光电池顶端可用附件中的黑色软管连接（透镜对透镜），分别测出光电池在各种光源照射下的光电流，再用固体激光器作为光源，测得光电流，将测得的数据记入表 10-28，据此作出光电池大致的光谱特性曲线。

表 10-28　光电池的光谱特性测试数据表

光源	激光	红	黄	绿	蓝	白
光电流						

6.光电池的温度特性测试

光电池与其他半导体器件一样,性能受温度影响较大,请按图 10-9 连接电路,分别测出常温下和加温(可用电烙铁靠近加温或用电吹风加温,电烙铁不可直接接触器件)后的伏安特性曲线。

7.光电池的应用——光强计

电路原理图如图 10-10 所示,接线图如图 10-11 所示。按照仪器面板所示,将"光电池"接入"光强测试单元"的"光电池入(IN)"两端,输出 U_o 接数字电压表。确认接线无误后,开启仪器电源,光电池在无光照时,电压输出基本为零。选用高亮度卤素灯,按照从"弱—强"仔细调节光源电位器取得多种光照度,查看光电池在相对光照度为"弱光"到逐步增强的电压输出情况。观察两个发光二极管不亮—稍亮—两个都很亮,这样就形成了一个简易的光强计。

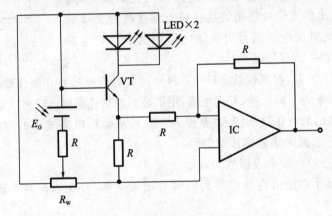

图 10-10　光电池光强测试电路

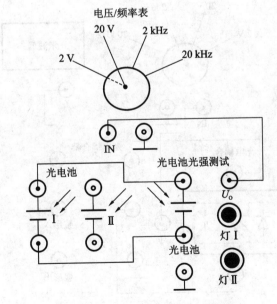

图 10-11　光电池光强测试接线图

任务5 光电耦合式传感器——转速测量

光耦合器件是由发光与受光器件组成,输入端与输出端在电气上是绝缘的,只能由光来传递信号。光耦合器又分光电耦合器和光断续器两种,所用的发光、受光器件都相似。光电耦合器主要用于电路的隔离,光断续器主要是用来测试目标物体的有无,功能的不同使它们的安装结构不同,本实验仪中的光耦合器件为光断续器。图 10-12 所示的为光断续器原理图。

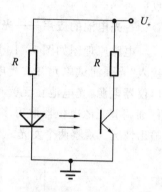

图 10-12 光断续器

(1)观察光断续器的结构,这是一种透过型的光断续器,近红外发光二极管发出的光信号经光敏达林顿电路接收放大整形后输出,光断续器发射光电源信号由光耦电路中的 ±12V 电源提供(光耦合器单元中 U_1、U_2 端口)。

(2)接线图如图 10-13,按照仪器面板所示符号一一对应连接好光断续器的光源激励电源,U_0 输出端接数字频率表 2 kHz 挡,开启电机,用示波器观察光断续器输出端 U_0 的转速波形。

(3)将 U_0 端输出的电压波形接入"整形入"端口,从整形电路输出的为标准的 5 V TTL 电平,此信号可用作数据采集频率计数信号。

(4)电机转速(r/s)=频率表读数÷2。

(5)将示波器显示的整形前与整形后的信号记录下来,并在示波器上读出电机转速(即频率 $f=1/T$)。

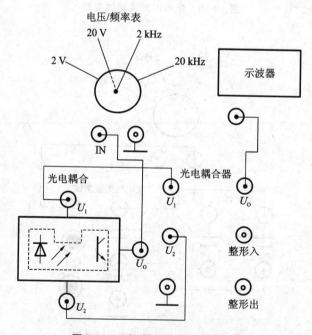

图 10-13 电动机转速测量接线图

任务 6 PSD 光电位置传感器——位移测量

光电位置敏感器件 PSD(position sensitive detector,PSD)是基于光伏器件的横向效应的器件,是一种对入射到光敏面上的光电位置敏感的光电器件。因此,称其为光电位置敏感器件。当光束入射到 PSD 器件光敏层上距中心点的距离为 X_A 时,在入射位置上产生与入射辐射成正比的信号电荷,此电荷形成的光电流通过电阻 P 型层分别由电极 1 和 2 输出,设 P 型层的电阻是均匀的,两电极间的距离为 $2L$,流过两电极的电流分别为 I_1 和 I_2,则流过 N 型层上电极的电流 I_0 为 I_1 和 I_2 之和,即 $I_0 = I_1 + I_2$。

若以 PSD 器件的几何中心点 O 为原点,光斑中心距原点 O 的距离为 X_A,则

$$I_1 = I_0 \frac{L - X_A}{2L} \qquad I_2 = I_0 \frac{L + X_A}{2L} \qquad X_A = \frac{I_2 - I_1}{I_2 + I_1} L$$

(1)通过 PSD 基座上端圆孔观察 PSD 器件及在基座上的安装位置,PSD 光电位置传感器的"I_1"和"I_2"两端对应接入 PSD 光电位置单元的"I_1"和"I_2"两输入端,输出端 U_0 接数字电压表 20 V 挡。

(2)确认接线无误后,开启仪器电源,此时因无光源照射,PSD 器件前端的聚焦透镜也无光照射而形成的光点照射在 PSD 器件上,U_0 输出的为环境光的噪声电压,试用一块遮光片将观察圆孔盖上,观察光噪声对输出电压的变化。

(3)将激光器电源插头插入"激光电源"插口,激光器安装在基座圆孔中并固定。注意激光束照射到反射面上时的情况,光束应与反射面垂直。激光束照射到反射面后 PSD 组件上的透镜将漫反射的激光光线聚焦到 PSD 器件表面,旋转激光器角度,调节激光光点(必要时也可旋转调节 PSD 前的透镜),使光点尽可能集中在 PSD 器件上。

(4)从原点开始,位移平台分别向前和向后位移,因为 PSD 器件对光点位置的变化非常敏感,故每次螺旋测微仪旋转 5 格(即移动 0.05 mm),并将位移值(mm)与输出电压值(U_0)记录入表 10-29,作出 U/X 曲线,求出灵敏度 S,$S = \Delta U/\Delta X$。根据曲线分析其线性。

表 10-29 位移与电压变化数据

位移/mm								
电压/V								

(5)注意事项:实验中所用的固体激光器光点可调节,实验时请注意光束不要直接照射眼睛,否则有可能对视力造成不可恢复的损伤。每一支激光器的光点和光强都略有差异,所以对同一 PSD 器件,光源不同时光生电流的大小也是不一样的。实验时背景光的影响也不可忽视,尤其是采用日光灯照明时,或是仪器周围有物体移动造成光线反射发生变化时,都会造成 PSD 光生电流改变,致使单元 U_0 输出端电压产生跳变,这不是仪器的毛病。如实验时电压信号输出较小,则可调节一下激光器照射角度和光点在 PSD 器件上的上下位置,使输出达到最大,PSD 位移测量接线方式如图 10-14 所示。

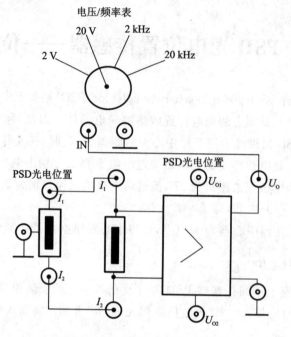

图 10-14 PSD 位移测量接线图

任务 7 热释电红外传感器特性实验——红外探测

(1)了解菲涅尔透镜的结构和功能。菲涅尔透镜是一种精密的光学器件,是专门用来与热释电红外传感器配套使用的。其结构如图 10-15 所示。它由经过特殊设计的透镜构成,上面的每个透镜单元都只有一个不大的视场,相邻两个单元透镜的视场既不连续也不重叠,都相隔一个盲区。当热源在透镜前运动时,顺次从某一单元透镜视场进入又退出,透镜的功能就

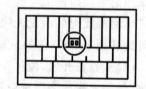

图 10-15 菲涅尔透镜结构图

是将连续的热源信号变成断续的辐射信号,使热释电传感器能正常工作。

用激光器从正面照射菲涅尔透镜,将一白纸放在透镜下做投射光背景面。当激光光点照射到透镜正面并相对移动时,白纸上的投射光会出现一个接一个的断续光斑,而光斑始终都是集中在透镜中部的。

(2)将菲涅尔透镜装在热释电红外传感器探头上,探头方向对准慢速电机支座下透孔前的热源方向,如图 10-16,按图标符号将传感器接入处理电路,接好发光二极管(显示实验单元探测状态),输出端 U_O 接数字电压表 20 V 挡。

(3)开启电源,待单元电路输出稳定后开启热源,同时将慢速电机叶片拨开不使其挡住热源透射孔。

(4)随着热源温度缓慢上升,观察热释电红外传感器的 U_O 端输出电压变化情况,可以看出传感器并不因为热源温度上升而有所反应。

（5）开启慢速电机,调节转速旋钮,使电机叶片转速尽量慢,不断地将透热孔开启——遮挡,此时会发现输出电压也随之变化,当达到告警电压时,则发光管闪亮。

（6）逐步提高电动机转速,当电动机转速加快,叶片断续热源的频率增高到一定程度时,传感器又会出现无反应的情况,请分析这是什么原因造成的(可结合热释电红外传感器工作电路原理分析)。

（7）将热释电红外传感器的安装方向调整180°,使其面对仪器前实验者,连接传感器探头与处理电路,输出端 U_O 接电压表。开启电源,待电路稳定后,实验者从探头前经过,移动速度从慢到快,距离从近到远,观察传感器的反应,记录下传感器最大探测距离。

（8）在探头前装上菲涅尔透镜,重复步骤(2),并尝试在探头的不同视场范围进入,记录下装透镜后最大的探测距离和探测角度,加深对菲涅尔透镜作用的了解(实际应用中,菲涅尔透镜是必需的)。

（9）注意事项:慢速电动机的叶片因为是不平衡形式,加之电动机功率较小,所以开始转动时可能需要用手拨动协助转动。

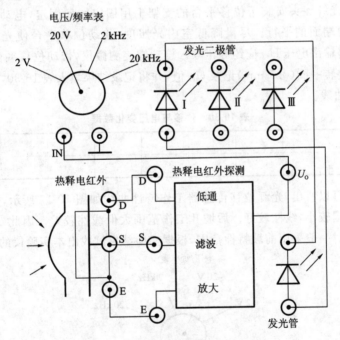

图 10-16　热释电传感器测试接线图

任务 8　光纤传感器特性测试

反射式光纤位移传感器的工作原理如图10-17所示,光纤采用Y型结构,两束多模光纤一端合并经切割打磨组成光纤探头,在传感系统中,一根为接收光纤,另一根为光源光纤,光纤只起传输信号的作用。当光发射器发生的红外光,经光源光纤照射至反射体,被反射的光经接收光纤至光电转换器,光电元件将接收到的光信号转换为电信号。其输出的光强取决于反射体距光纤探头的距离,通过对光强的检测而得到位置量。光纤传感器工作特性曲线如图 10-17 所示。一般都选用线性范围较好的前坡为测试区域。

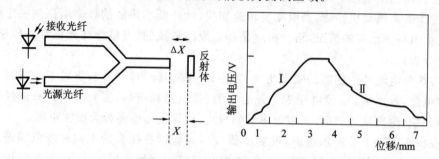

图 10-17 光纤传感器结构图及工作曲线

1. 光纤传感器用于位移测量

按照图 10-18 接线图,将光纤传感器、光电变换组件与光纤变换电路相连接,输出端 U_o 接数字电压表。光纤探头安装于位移平台的支架上用固定螺丝固定,电动机叶片对准光纤探头,注意保持两端面的平行。尽量降低室内光照度,移动位移平台使光纤探头紧贴反射面,此时变换电路输出电压 U_o 应约等于零。旋动螺旋测微仪,带动位移平台,使光纤端面离开反射叶片,每旋转一圈(0.5 mm)记录 U_o 值,并将记录结果填入表 10-30,作出距离 X 与电压值(V)的关系曲线。

表 10-30 位移与电压变化数据

位移/mm										
电压/V										

从测试结果可以看出,光纤位移传感器工作特性曲线如图 10-17 所示,分为前坡Ⅰ和后坡Ⅱ。前坡Ⅰ范围较小,线性较好。后坡Ⅱ工作范围大但线性较差。因此,平时用光纤位移传感器测试位移时一般采用前坡特性范围,根据实验结果试找出本实验仪的最佳工作点。

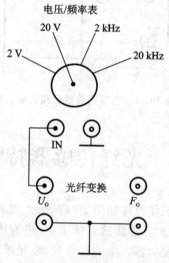

图 10-18 光纤传感器位移测量接线图

2. 光纤传感器用于温度测试

将一根光纤插入光电变换块中的接收孔,并将端面朝向光亮处,使输出电压 U_0 变化,确定无误,并用紧定螺丝固定位置。将光纤探头端面垂直对准一黑色平面物体(最好是黑色橡胶、皮革等)压紧,此时光电变换器 U_0 端输出电压为零。

将光纤探头放入一个完全暗光的环境中,电路 U_0 端输出为零。用手指压住光纤端面,即使在暗光环境中,电路也有输出,这是因为人体散射的体温红外信号通过光纤被近红外接收管接收后经放大转换成电信号输出。

将光纤探头靠近热源(或是探头垂直与散热片紧贴),打开热源开关,观察随热源温度上升,光电变换器 U_0 端输出变化情况。

3. 光纤传感器用于转速测量

按照图 10-19 接线图,将光纤传感器、光电变换组件与光纤变换电路相连接,光纤变换电路的输出端 U_0 接入"光电耦合器单元"的"整形入"端,光纤变换电路的 F_0 输出端接数字频率表 2 kHz 挡。将光纤探头安装在距电动机反射叶片最佳工作点处。确认无误后,开启仪器电源。

开启转速电动机,调节转速,用示波器观察 U_0 端输出电压波形和经过整形的 F_0 端输出方波的波形,如 F_0 端无输出,则可能是 U_0 端输出电压过高,可适当降低放大增益,直至 F_0 端有方波输出为止。用示波器或频率表读出电动机的转速。

示波器探头接于光电变换器 U_0 端,增益置最大,探头安装在距反射叶片的最佳工作点处。开启电源与旋转电动机,调节示波器,以能稳定地观察输出波形为好。读出相邻输出波形峰值之差,根据位移测试标定结果,判断旋转电动机叶片的抖动情况,得出电动机转动是否平稳的结论。

$$电动机转速 = F_0 端方波频率 \div 2(每周两个方波信号)$$

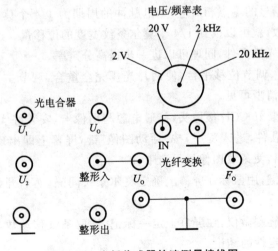

图 10-19 光纤传感器转速测量接线图

任务 9 CCD 电荷耦合传感器的应用——莫尔条纹计数

（1）实验原理。

传统的莫尔条纹计数是利用普通光电接收元件将莫尔条纹亮暗变化的光信号，转化成脉冲信号，实现数字显示。本实验采用 CCD 接收莫尔条纹图像，并利用计算机实时显示，自动判断条纹移动情况。它与传统技术相比，信息量大，更为直观，可靠性和精度更高。

主光栅和指示光栅做相对移动产生了莫尔条纹，莫尔条纹需要经过转换电路才能将光信号转换成电信号。光栅传感器的光电转换系统由聚光镜和光敏元件组成，当两块光栅做相对移动时，光敏元件上的光强随莫尔条纹移动而变化，当两光栅刻线重叠时，透过的光强最大，光电元件输出的电信号也最大，当光被遮去一半时，光强减小；光全被遮去而成全黑时，光强为零，若光栅继续移动，投射到光敏元件上的光强又逐渐增大，光敏元件输出的波形可由如下公式描述：

$$U = U_0 + U_m \sin(2\pi x / W) \tag{10-1}$$

式中：U_0 为输出信号的直流分量；U_m 为交流信号的幅值；x 为光栅的相互位移量；W 为光栅栅距。

由上式可知，利用光栅可以测量位移 x 的值。

为了辨别主光栅是向左还是向右移动，仅有一条明暗交替的莫尔条纹是无法辨别的，因此，在原来的莫尔条纹上再加上一条莫尔条纹，使两个莫尔条纹信号相差 $\pi/2$ 相位。如果仅以光栅的栅距作其分辨单位，只能读到整数莫尔条纹，倘若要读出位移为 $0.1~\mu m$，势必要求每毫米刻线 1 万条，这是目前工艺水平无法实现的，因此，只能在合适的光栅栅距的基础上，对栅距进一步细化，才可能获得更高的测量精度，常用的细分方法有倍频细分法、电桥细分法。本实验用的为四倍频细分法，在一个莫尔条纹宽度上并列放置 4 个光电元件，得到相位分别相差 $\pi/2$ 的四个正弦周期信号。用适当电路处理这一列信号，使其合并脉冲信号，每个脉冲分别和四个周期信号的零点相对应，则电脉冲的周期为 1/4 个莫尔条纹宽度，用计数器对这一列脉冲信号计数，就可以读到 1/4 个莫尔条纹宽度的位移量。这样便得到光栅固有分辨率的 4 倍，若再增加光敏元件，同理可以进一步提高分辨率。

（2）安装好光栅组，调节位移平台，使两片光栅完全重合，调节主光栅角度，选择合适的条纹宽度，莫尔条纹要清晰可见。

（3）在光栅组前安装好 CCD 摄像头，接通电源与图像卡，安装好实验软件"Count"，启动"CCD 莫尔条纹计数"软件，进入程序，按"活动图像"键，屏幕上即出现条纹图像，调节 CCD 光圈及镜头与光栅距离，使条纹图像尽量清晰。

（4）按"冻结图像"键，用鼠标在屏幕上确定莫尔条纹间隔，然后开始计数（条纹间隔数越多，则测量精度越高）。

（5）缓慢地转动螺旋测微仪，在屏幕上定一标记，读取条纹移动数，并将目测数与软件自动计数结果对照，得出定性的结论。

（6）根据前面测得的光栅组的光栅距，求出指示光栅（位移平台）的位移量。

(7)注意事项。

本软件中的按钮在被按下后将变成无效。如按"活动图像"按钮后,该按钮变灰色,表示用户不能继续按该按钮,只有当按下"冻结图像"按钮后,"活动图像"按钮才变成有效。

通过转动螺旋测微仪使平台产生微位移时,必须控制条纹移动的速度,如果条纹移动过快,程序将无法正常读取信号,建议移动的速度控制在每 2 秒 1 个条纹左右。

任务 10　CCD 电荷耦合传感器——测径实验

(1)实验原理。

电荷耦合器件(CCD)的重要应用是作为摄像器件,它将二维光学图像信号通过驱动电路转变成一维的视频信号输出。当光学镜头将被摄物体成像在 CCD 的光敏面上,每一个光敏单元(MOS 电容)的电子势阱就会收集根据光照强度而产生的光生电子,每个势阱中收集的电子数与光照强度成正比。在 CCD 电路时钟脉冲的作用下,势阱中的电荷信号会依次向相邻的单元转移,从而有序地完成载流子的运输—输出,成为视频信号。用图像采集卡将模拟的视频信号转换成数字信号,在计算机上实时显示,用实验软件对图像进行计算处理,就可获得被测物体的轮廓信息。

(2)根据图像采集卡光盘安装说明在计算机中安装好图像卡。并按要求正确设置。照图像采集卡安装说明正确安装图像卡的驱动程序和应用程序,并将视频源(CCD)设置为"PAL_B"制式。安装好测径实验软件"Measure"。

(3)在被测物前安装好摄像头,连接 CCD 电源,视频线正确连接图像卡与摄像头。

(4)检查无误后进入测量程序,启动图像采集后,屏幕窗口即显示被测物的图像,如视频源制式正确,则可以得到稳定的图像。适当地调节 CCD 的镜头前后位置,使目标图像最为清晰。

(5)尺寸标定:先取一标准直径圆形目标($D_0 = 10$ mm),根据测试程序测定其屏幕图像的直径 D_1(单位用像素表示),则测量常数 $K = D_1 / D_0$。

(6)保持 CCD 镜头与位移平台距离不变(即表示单位尺寸的像素值不能改变),更换另一未知直径的圆形目标,利用测试程序测得其在屏幕上的直径,除以系数 K,即得该目标的直径。

(7)注意事项。

①CCD 摄像机电源禁止乱接,以免造成损坏。

②启动图像采集后,如发现视频图像抖动得厉害,首先确认采集参数设置是否正确,若仍不能解决问题,可先将采集模式为重叠模式,再改回预览模式试试。

③若不能捕捉图像,应确认采集模式为预览模式。重叠模式下,视频信息不经过内存而直接送显存故而捕捉不到图像。

④当同时打开几幅图像时,若全屏显示返回正常显示后,发现前台窗口中只有一幅图像,而其他图像不见了,则可通过窗口菜单中显示的已打开的窗口获得。

参考文献

[1] 曾光宇.光电检测技术[M].北京:清华大学出版社,2005.

[2] 雷玉堂.光电检测技术[M].北京:中国计量出版社,1997.

[3] 李英顺.现代检测技术[M].北京:中国水利水电出版社,2009.

[4] 刘铁根.光电检测技术与系统[M].北京:电子工业出版社,2011.

[5] 刘孟华.光电检测技术[M].武汉:科学出版社,2005.

[6] 杨国光.近代光学测试技术[M].杭州:浙江大学出版社,1997.

[7] 王庆有.CCD应用技术[M].天津:天津大学出版社,1993.

[8] 张烽生.光电器件应用基础[M].北京:机械工业出版社,1993.

[9] 魏海明.实用电子电路500例[M].北京:化学工业出版社,2003.

[10] 梅遂生.光电子技术[M].北京:国防工业出版社,1999.

[11] 付小宁.光电探测技术与系统[M].北京:电子工业出版社,2010.